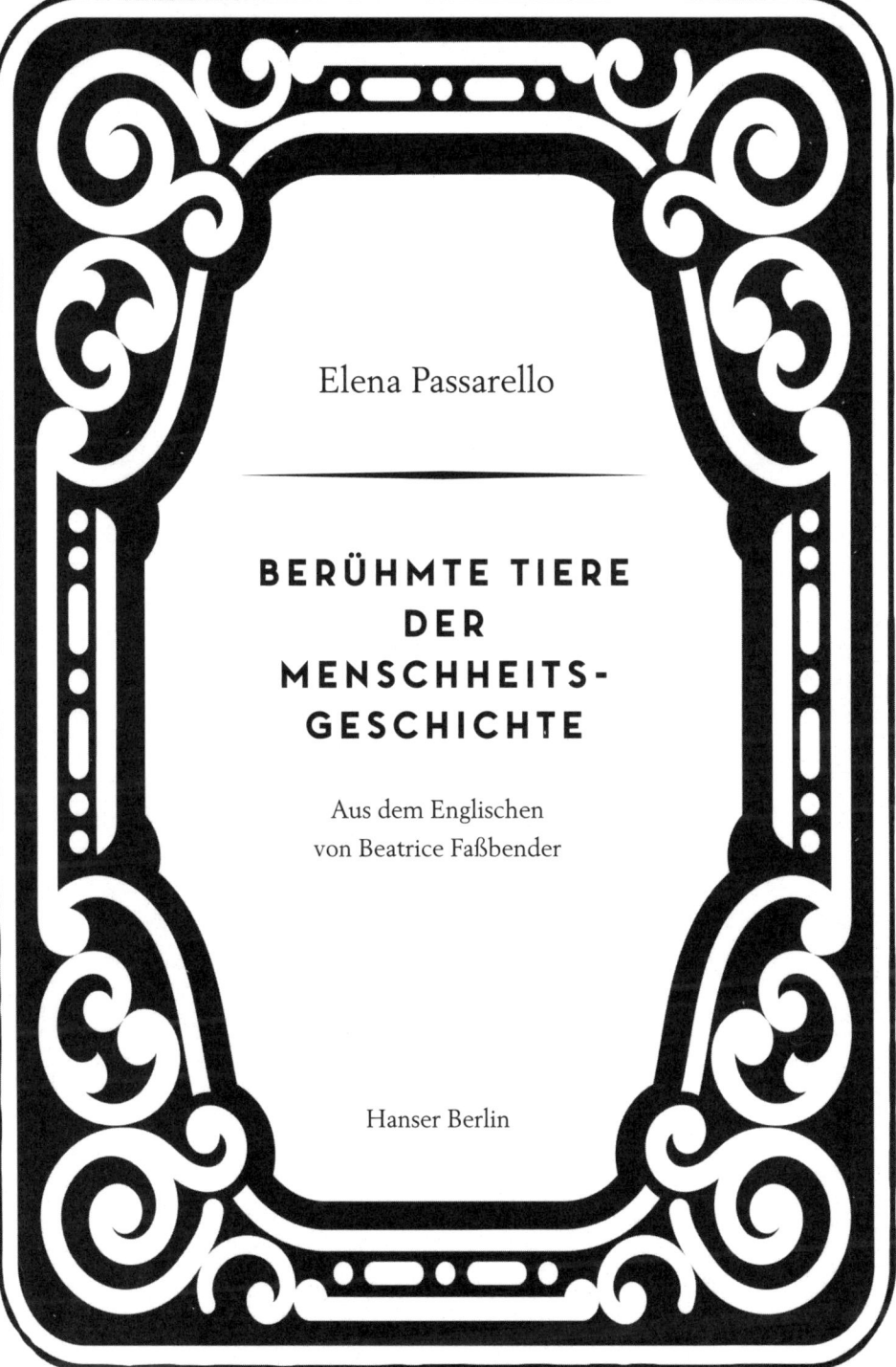

Elena Passarello

BERÜHMTE TIERE DER MENSCHHEITS- GESCHICHTE

Aus dem Englischen
von Beatrice Faßbender

Hanser Berlin

Die amerikanische Originalausgabe erschien
2017 unter dem Titel *Animals Strike Curious Poses*
bei Sarabande Books in Louisville KY.

Die Zitate im Kapitel »Lancelot« werden abgedruckt
mit freundlicher Genehmigung des Verlags Klaus Wagenbach.
John Berger, *Das Leben der Bilder oder die Kunst des Sehens*.
Aus dem Englischen von Stephen Tree.
© 1989 Verlag Klaus Wagenbach, Berlin

1. Auflage 2018

ISBN 978-3-446-25858-7
© Elena Passarello, 2017
Alle Rechte der deutschen Ausgabe
© 2018 Hanser Berlin in der Carl Hanser Verlag GmbH & Co. KG, München
Umschlag: Anzinger und Rasp, München,
nach einem Entwurf von Kristen Radtke
Satz: Greiner & Reichel, Köln
Druck und Bindung: GGP Media GmbH, Pößneck
Printed in Germany

MIX
Papier aus verantwor-
tungsvollen Quellen
FSC
www.fsc.org   FSC® C014496

Für »Pizza Rat«

Kleiner Scherz. Für David.

INHALT

Jahr für Jahr:
Die Affenmaske
entlarvt den Affen.

Bashô

YUKA

(Mammuthus primigenius)
39 000 v. Chr.

Noch interessanter aber ist, dass Menschen das Töten
möglicherweise schon früh übernommen haben.

Prof. Daniel Fisher, 2012

Sie waren hier!

Eliette Brunel in der Chauvet-Höhle, 1994

E r fand das Mammut in der steinharten Erde.

Ein Weibchen. Sie lag am nördlichen Rand des Kontinents, in der Nähe eines Sees, der von September bis Juli zugefroren ist. Ein Stoßzahnjäger entdeckte sie kopfüber im halb vereisten Felsvorsprung. Er sah einen Stein, dann einen Stein in Form eines Fußes, eine Flanke und ein ausgehöhltes Auge. Wie eine Zugkette hing ihr Rüssel von dem Vorsprung herab.

Sofort erkannte er, dass sie ihr wolliges Fell wundersamerweise nicht verloren hatte. Rotblondes Haar hing an ihren Hufen, ihren Lenden und am Fels, der sie umschloss. Es war dick und kräftig, wie das Haar einer Puppe. Der Jäger, der sie aus dem Permafrost herausmeißelte – wir glauben, er hieß Wassili –, verlor kein Wort über sein Tun, doch wie er es auch angestellt haben mag: Die Aufgabe an sich war zu leicht. Neununddreißigtausend Jahre abzuschlagen sollte eigentlich lebenslange Schufterei bedeuten, doch das Tauwetter hatte ihm die Arbeit abgenommen. Als Bezahlung drückte er einen Silberohrring in den Schlamm.

Der Fels, der sie jahrtausendelang bewahrt hatte, lag vier Tagesreisen von so etwas wie einer Straße entfernt. Also stellte Wassili einen Trupp zusammen, band sie auf ein Schneemobil und machte sich von Yukagir in Richtung der Berge auf. Der matschige Untergrund beschleunigte ihre Fahrt nicht gerade, und nach drei Tagen, irgendwo zwischen der Laptewsee und dem Dorf Ust-Kuiga, gab seine Fracht den Temperaturen der Lebenden nach und taute ein wenig auf. Schließlich, da befanden sie sich immer noch mehr als tausend Kilometer nördlich der kältesten Stadt der Welt, stellten sie den Holzschlitten, auf dem er sie gezogen hatte, in einer verborgenen Eishöhle ab und warteten auf das höchste Gebot.

Wassili und seine Begleiter malten sich aus, wie ein Mensch des 21. Jahrhunderts – ganz gleich, ob er auf Forschungsergebnisse, Elfenbein oder Abenteuer aus ist – in die Höhle kroch und die blaue Plane aufdeckte, in die sie eingewickelt war: ein Blick auf diese Pleistozänwolle, und es wäre um ihn geschehen. Es lässt den Neokortex nämlich nicht kalt, wenn man in einer Eishöhle ein Mammut enthüllt. Weil Sprache unendlich viel jünger ist als Gedanken und Erfahrung, bedeutet »Wollmammut« für ein Menschenhirn im Grunde eher so etwas wie »Zeit«. Vielleicht bedeutet es sogar mehr als »Zeit«, denn die Wahrscheinlichkeit, dass ein Hirn sich an eine Spanne von mehreren Jahren erinnert, ist lächerlich gering. Nur wenige Körper haben dem wahren Druck eines ganzen Jahrhunderts standgehalten, und noch weniger Gehirne sind imstande, zehn davon auch nur im Traum zu begreifen. Was, so fragt das Gehirn, lässt sich in hundert Jahren erfahren, ganz zu schweigen von vierhundertmal hundert Jahren?

Daher ist ein tiefgefrorenes Mammut mehr als nur ein grauer, rückgratloser Rücken, der auf einem Schlitten in einer Höhle die runden Füße zur eisigen Decke emporstreckt. Viel mehr, als eine Hand unter diese feuerrote Wolle zu schieben, und mehr, als den Rüssel dort zu tätscheln, wo er sich biegt, als würde er trompeten. Mehr als einen Handschuh diese lockige Flanke entlang bis zu einer großen und seltsamen Wunde gleiten zu lassen, einer Wunde von einem – ja, *wovon* eigentlich? Nicht von Zähnen oder Klauen, sondern von einer Art gezacktem Werkzeug, einem Werkzeug, das in einer fleischigen Hand liegt und von einem opponierbaren Daumen gehalten wird.

Von all den Bildern, die unsere Welt ausmachen, sind uns die Bilder von Tieren besonders tief eingeschrieben. Sie ziehen uns an, wir spüren sie, bevor wir sie benennen oder auch nur in voller Größe sehen können. Als hielten sich schemenhafte Skizzen ihrer selbst immer schon in den Nischen unseres Körpers bereit. Als hätte das menschliche Gehirn jedes einzelne jemals von ihm erblickte Tier verschluckt. In Bergen und Wolken suchen wir ihre Umrisse, als lägen darin Antworten auf unsere Fragen. Wir kratzen ihre gebogenen Rüssel mit unseren Füßen in den Staub oder greifen zu unseren schärfsten Werkzeugen, um sie aus einem Holzscheit zu befreien. Gebt uns einen Stock, und wir zeichnen sie. Findet ein abgeworfenes Geweih in der Steppe, und wir suchen sie in seinen Sprossen. Schleudern einen Stein so oft gegen eine Höhlenwand, bis eines von ihnen zum Vorschein kommt. Breitet sie über den Nachthimmel aus, und wir zeigen zu ihnen hinauf. Seht ihr, wie sie funkeln, wenn sie sich bewegen?

An die Mumie auf diesem Holzschlitten in der Eishöhle schließt sich eine lange Kette von Tieren an, die allesamt hinter sich weisen. Dieser rückgratlose Knoten aus Fell und Füßen entwirrt sich zu einem aufrecht stehenden Tier mit beweglichen Beinen und einem unversehrten, mahlenden Schlund. Im Innern der Menschen, die sie berühren, bläst sie sich auf zu einem Zirkus- oder Spielzeugelefanten. Noch tiefer im Innern ist sie das Abbild eines Scherenschnitts, das für ein Paar neuer Augen, die noch nicht scharfstellen können, über einen Stubenwagen gehängt wurde; die Rundungen und Linien ihrer Papierfüße trotten an Drähten im Kreis. Und vielleicht trägt das rothaarige Mammut, dem jemand in der Höhle den Namen Yuka gegeben hat, die Betrachter noch weiter zurück, zu Erinnerungen, die nicht im Gehirn, sondern in Mark und Fasern und Peptiden verborgen liegen. Tief hinein ins Fleisch, wo die diesseitige Welt zu wanken beginnt.

Vor neununddreißigtausend Jahren lief die junge Yuka los. Sie hätte ihr ganzes Leben lang laufen können – das Land, so wie es damals war, bot ausreichend Platz. Hätte sie es gewollt, sie hätte die Steppe der Länge nach durchqueren können. Wäre sie von Yukagir aus, das damals noch nicht Yukagir war, gen Osten gestartet, hätte sie bis nach Alaska laufen können, das damals noch nicht Alaska war. Es gab keinen Ozean, der sie aufgehalten hätte, und kaum Bäume, nur armselige Krautpflanzen, die sie mit der maßgefertigten Faust in ihrem Rüssel aus dem Permafrost herausrupfte. Sie hätte auch doppelt so weit Richtung Süden laufen können – allein oder im Rudel, immer unterwegs, im Zeitraffer der Jahrtausende verschwimmen die Füße zu einer einzigen flüchtigen Bewegung. Dreizehntausend Kilometer, auf denen es tödlichen Schlammlöchern und klugen Löwen auszuweichen galt, die sie verfolgten und dabei immer hungriger wurden, weil auch sie dreizehntausend Kilometer durch die Kälte gerannt waren. Nicht die gleichen Löwen wie heute, aber doch löwenartige, flinke Dinger. Immer schon dieselbe Sonne, wenn auch etwas kälter am frostigen Himmel. Immer schon ein Kontinent, aber dreimal so groß: Wie ein fetter Höhlenbär hockten seine Landmassen auf dem halben Planeten.

Und rund um die Steppe war ein unwahrscheinliches Fauna-Allerlei unterwegs. Ein halbes Bestiarium zog über Europa hinweg, das noch nicht Europa war: Rentiere und Hyänen, Bären und Löwen, Leoparden und Polarfüchse. Alle nur denkbaren Tiere begleiteten sie und folgten dem Lauf jener Flüsse, die Kilometer um Kilometer weiche, tiefe Höhlen in den Kalkstein gruben. Vorbei an etwas, was wir heute Wiesen nennen, an etwas, was noch keine Teiche waren, und an etwas, was im Wesentlichen Menschen waren.

Ein lautloser Jäger hockt sprungbereit auf einer Anhöhe in der Steppe. In seinem Leben verbringt er mehr Zeit damit, Tiere zu beobachten, als zu kämpfen, zu unterrichten oder zu schlafen. Überleben heißt, dass er seinen weichen Menschenkörper verbirgt und die robustere Megafauna nicht aus den Augen lässt, wenn sie sich bewegt und paart und vergeht.

Man stelle sich all die Details vor, die er nach einem Leben inbrünstigen Sehens in sich trägt. Dann stelle man sich fünftausend solcher Leben vor, die alle hier an diesem Posten in der Steppe verbracht werden. Großer Gott, was die Menge des Gesehenen mit dem Innenleben eines Menschen anstellen muss.

Ein Mensch in der Steppe zu sein hieß, über einen Kodex aller Muskeln eines Löwennackens, eines Bisonrückens, einer fliehenden Pferdeflanke zu verfügen. Bevor es zu etwas anderem wurde, war das menschliche Gehirn zunächst ein Almanach lebendiger Schemen, die im vergehenden Licht ihre Form ändern: lebendige Schemen in den Brunstwirren, in Hungertaumel und Todesstarre. Wie konnte ein Lebewesen ganze Generationen eines solchen kontinentalen Wissens in sich tragen, ohne zu merken, wie es in sein Blut, in seine Knochen und Muskeln einsickert? Wie viele Generationen von Jägern ziehen vorüber, bevor das Gesehene den Körper eines Jägers in die Hysterie oder die Trunksucht treibt, weil die Schemen der Tiere so heftig auf seine Rippen trommeln, dass er außerhalb seiner selbst Erlösung suchen muss?

Als das rotblonde Mammut in sein Blickfeld läuft, erstarrt der Jäger. In der aufgehenden Sonne scheint Yukas Wolle beinahe Feuer zu fangen. Sie ist alt genug, um ihren eigenen Platz in der Herde zu haben, aber immer noch jung genug, um überwältigt zu werden, und an ihrem Lauf kann der Jäger leicht erkennen, dass sie aus dem Rhythmus ist. Ihr Rhythmus erzählt ihm von den Raubtieren, die schneller waren als er. Sie wendet, um den Löwen anzugreifen, der hinter ihr her ist, vermag mit ihrem dicken, runden Fuß aber nur nach ihm zu treten, dann gerät sie in Panik. Das Mammut wendet, um weiterzulaufen, und bricht sich dabei den Fuß; bald wird das Bein nachgeben.

Los, denkt der Jäger, als er sich in den Körper des Löwen hineinversetzt, und der Löwe scheint auf ihn zu hören. Von der Seite springt er auf den Rücken des Mammuts – schon der erste Biss, an Yukas Schwanz, reicht aus. Die tiefen Kratzer, die er an ihren Seiten hinterlässt, werden nicht mehr heilen können. Sie verrenkt ihren feuerroten Nacken, windet sich aus dem Biss und schlägt dumpf auf der Erde auf.

Und nun ist es an der Zeit, dass sich der Jäger für all sein Lauern und Beobachten belohnt. Dass er losgeht – ohne Eile, sondern festen und gleichmäßigen Schritts: den Arm erhoben, die Waffe gezückt. Er muss bluffen, um den Löwen zu vertreiben. Eine Taktik, die er sich nach all den gemeinsamen Jahren in der Steppe vom Löwen selbst abgeschaut hat. Um vom Löwen zu stehlen, wird er zum Löwen. *Los*, sagt er noch einmal – dieses Mal zu seinem eigenen Körper. Tief in sich findet er den Rhythmus des Löwen und kehrt ihn nach außen.

Der Löwe rennt davon, seine vier Pfoten ein verschwommener dunkelgelber Fleck. Der Jäger weiß, wie schnell ein Löwe sich an seine Stärke erinnert, also beeilt er sich: eine Hand an die noch heiße Flanke des Mammuts und ein Stoß mit einer scharfen Klinge in seine Wirbelsäule. Er entnimmt ihm nur, was er am besten gebrauchen kann: Rippen, Organe, das Fett und Fleisch seiner Beine. Aus irgendeinem Grund löst er den Schädel heraus, nimmt ihn aber nicht mit. Er begräbt ihn mit dem, was sonst noch übrig ist, in der Steppe, um später zurückzukehren. Er ahnt nicht, wie viel später das sein wird.

Die riesige Wunde auf Yukas Rücken ist vierunddreißigtausend Jahre älter als die früheste Fassung von Stonehenge. Sie entstand dreiunddreißigtausend Jahre, bevor so etwas wie Schrift aufkam, und mindestens dreißigtausend Jahre vor Bier, Stricknadeln, Geld oder Bienenhäusern. Yukas Wunde ist fast so alt wie die Knochenflöten, die kürzlich in einer süddeutschen Höhle ausgegraben wurden – sie können die Fünftonleitern der Vögel im wechselhaften Himmel pfeifen –, und wie der löwenköpfige Mann, den irgendwer aus einem Mammutzahn geschnitzt und vor vierzigtausend Jahren in einer Höhle zurückgelassen hat. Fünfzehntausend Jahre nach Yuka werden die ersten Hütten und Zäune und Friedhöfe aus Mammutknochen angelegt. Die Architektur Europas entsteht aus den Körpern jener Mammuts, die die ersten Jäger über Ewigkeiten hinweg beobachtet haben.

Dreizehntausend Jahre nach Yuka wird eine Frau mit einem Fuchs im Arm ins Grab gelegt – die erste bekannte Schamanin. Über ihrem Körper kreuzt man die Schulterblätter eines Mammuts und bestäubt die Knochen mit gelbrotem Ocker. Um sie herum begräbt man einige Tonstücke – die ersten bekannten Keramiken –, die in Form von Hunden, Bären, Pferden und von Mammuts gebrannt worden waren.

Etwa zur selben Zeit – sofern sich hier überhaupt von »Zeit« sprechen lässt – geht ein Jäger allein zu einer Höhle am Fluss. Obwohl er sein Leben lang Tiere belauert hat, wird er heute keines jagen. Stattdessen sucht er nach einem riesigen Kalksteinbogen – das eine Ende dick und stämmig, das andere eine abgerundete Felsspitze mit einem schmaleren Ausläufer. Der Bogen sieht aus wie ein Mammut, das von Stein zu Stein über den Fluss springt.

Los. Geh und trag sie zusammen. Trag sie alle unter einem springenden Kalkstein-Mammut in einer vom Fluss verborgenen Höhle zusammen, wo fünfhundert Jahre zwischen zwei Fußabdrücken vergehen. Nimm den Löwen, das Nashorn, den Steinbock, den Auerochsen. Den Höhlenbären und den Löwen und den Wolf. Trag sie alle in Kohle und Ocker auf den gespitzten Enden von Kiefernzweigen zusammen. Die größten Tiere aber – diejenigen, deren Erinnerungen im Jäger am tiefsten verborgen sind – kommen nach ganz hinten in die Höhle. Halte sie fern von der sonnenhellen Kunst der Schnitzer und Graveure, die Stein und Holz zu nützlichen Dingen formen. Du findest sie ganz hinten in der Finsternis, wohin riesige Bären sich zum Sterben zurückziehen.

Er geht in die Höhle und entzündet einen Ast, um zu sehen, was es zu sammeln gibt. Nichts trennt ihn von den zehntausend Jahren seiner Fantasie. Nichts trennt die Tiere da draußen von den Tieren, die er in sich trägt. Die hintere Kammer ist so eng, dass die Luft darin von den Seufzern der Baumwurzeln über ihm vergiftet wird. Die Tiere sind in seinen kurzen Atemzügen, in den feuchten Spitzen seiner Finger. Als der Schein der Lampe hinter den Fels wogt, sind da Löwen im Feuer.

Er legt eine Hand auf die weiche Wand, und da läuft sie, seit achttausend Jahren. Und er wird zum Mammut, damit er sich die Mammutdame vorstellen kann, die so schnell auf seine Hand zurennt, dass ihre Füße zu Flecken am Ende ihrer dreieckigen Beine verschwimmen. Seine Hand auf dem Stein und ihrem roten Fell, das Trommeln seines Herzens und das Wirbeln ihrer Füße. Ihrer beider Füße. Das Schwarz des Feuers und das Schwarz des Astes und das Ockerrot, das sie beide wie ein Fell einrahmt. Ihr gemeinsamer Rüssel, der hinabzieht, und die Kohlewunde, die quer über ihren einen Rücken läuft. Ihre eine braune Hand, die all das im Kalkstein pulsierend erspürt und es ihm entzieht.

Er hat das Mammut im Fels gefunden.

DER WOLF VON GUBBIO

(Canis lupus)

1207

Daher sagt man zu einem Mann, der plötzlich verstummt und zu reden aufhört: Lupus est in fabula – »Der Wolf ist im Spiel.«

Bartholomaeus Anglicus, *Über die Ordnung der Dinge*

Die Winter in Gubbio waren hart. Die Stadt lag im unteren Ausläufer eines Berges, wo sie kriegerischen Nachbarn und schrecklichen Winden ausgesetzt war. Von ihren Wachtürmen aus spähten die Einwohner in die Finsternis jenseits der hohen Mauern und vorbei am Amphitheater, das seit tausend Jahren in der Nähe verfiel. Sie waren am Verhungern, gingen in ihren Pinienwäldern aber nicht auf die Jagd. Zu groß war ihre Angst vor dem Wolf.

Der Wolf, das war auch der Name, den man ihrer Hungersnot und ihrer Pest gegeben hatte: *lupus*, der hungrige Teufel, der stets in Fußnähe vor ihren Stadttoren blieb. Denn wie der Wolf nimmt sich der Hunger von dir, was er braucht, unbarmherzig und gerissen. Doch in jenem harten Winter gab es manche Tage, da hatten die Menschen in Gubbio keine Wahl und mussten sich aus der Stadt wagen. Schon immer, schon zu Zeiten des Amphitheaters, wurden ihre Toten außerhalb jener Stadttore begraben, mochte der Wolf dort lauern oder nicht.

Eine Gruppe Männer und Hunde zerrte die jüngsten Leichen über die leeren Felder – Schafe und Hirten waren fort – und in den klirrend kalten Wald, wo, wie sie wussten, der Wolf sie finden würde.

Sie wussten um seine Nachtsicht und sein dreistes Geheul. Sie wussten, wie gut er weniger flinke Tiere im Tiefschnee jagte. Sie wussten, dass er sich an strahlenden Nachmittagen einen Spaß mit den Schäferjungen machte, bei Einbruch der Dämmerung zurückkehrte und sie nach Hause in seine Höhle schleifte. Die Dämmerung, so stand es in den Büchern, war die Zeit des Wolfs, weil das Tier die untergehende Sonne verschlang.

Gebildete Männer hatten die Ordnung der Dinge seit den Zeiten des Amphitheaters festgehalten. Ihre Bücher berichteten davon, wie der Wolf in mageren Zeiten Wind fraß und wie er bisweilen Morast verschlang, um mit seinem Gewicht dann einen Hirsch zu Fall zu bringen. Sie schrieben, dass er das tote Fleisch mit seinem heißen, beißenden Atem kochte. Wenn er, so sagten sie weiter, auf der Pirsch auf einen Zweig trat und das unschuldige Lamm aufschreckte, biss er sich zur Strafe in den schuldigen Fuß. Und hier ist er, eine ganze Seite im *Bestiarium vocabulum*, grimmig in lebhaften Farben. Seht nur, wie der Wolf die rechte Tatze zwischen seinen spitzen Zähnen hält.

Vor allem diente der Wolf den Tierbüchern dazu, die wölfischsten unter den menschlichen Sünden zu illustrieren. Man müsse die Sünden des Wolfs hassen, sagten die Bestiarien, sie zu fürchten reiche nicht, denn diese Sünden – die Sünden von Gaunern, Abtrünnigen und Straßenräubern – seien hinterlistig. Hört diese Worte vom Wolf, ihr Sünder, und dann bedenkt den Wolf, der euer inneres Lamm jederzeit zerreißen kann.

Oben im Wald stand der Wolf auf einem gefrorenen Grab, als er sie bemerkte. Er schnupperte und wandte seinen Blick den nahenden Menschen zu, obwohl Wölfe laut den Bestiarien ihren Kopf nicht drehen können – wie der Teufel, der sich der Redlichkeit nicht zuwenden kann. Der Wolf aber, der nach Gubbio kam, *hat* seinen Kopf gedreht und sie angesehen, was die Männer erschreckt innehalten ließ.

Es steht geschrieben, dass, wenn Mensch und Wolf aufeinandertreffen und der Wolf den Menschen zuerst erblickt, der Mensch verstummt. Auf einer farbenfrohen Seite des *Bestiariums* ist der Wolf ockergelb und sieht allenfalls wie ein Hund aus. Er schleicht sich an einen Mann in einem rostroten Gewand heran; der Mann hält die Hand an sein weißes Kinn. Sollte der sprachlose Mann diese Begegnung überleben – vielleicht als Einziger

seiner Gruppe –, sagt das Buch, dass er seine Stimme wiedererlangen könne, jedoch nur, wenn er sich nackt auszieht und zwei Steine laut anein-
anderschlägt.

Francesco di Pietro di Bernardone war fast nackt, als er in Gubbio ankam.
Er hatte Assisi in einem abgelegten Mantel verlassen, doch wurde er von
Straßenräubern überfallen, noch bevor er Valfábbrica erreichte. In dieser
Stadt gab es eine Überschwemmung, und man hieß ihn nicht willkom-
men. In Gubbio jedoch hatte er alte Freunde aus Kriegszeiten. Sie führten
ihn hinein, fanden ein Gewand für ihn und sagten, bei ihnen gebe es keine
Überschwemmung. *Aber einen Wolf gibt es hier*, sagten sie, und Franziskus
verfiel in stummes Gebet.

Seine Bekannten bemerkten, wie sehr sich Franziskus veränderte. Sie
konnten es sich nicht erklären; war er vorher stutzerhaft und heißblütig
gewesen, rollte er sich nun hager und still in einer Ecke zusammen. Vor
den Mahlzeiten schluckte er Asche, um zu verhindern, dass er das Essen
genoss. Prickelte sein Körper vor Vergnügen, sprang er in Dornenbüsche
oder zog sich zum Fasten in eine Höhle zurück. Wohlbefinden verließ ihn
wie die Farbe das Gesicht eines kranken Mädchens. Aus freien Stücken
hatte Franziskus den Hunger in sein Leben krauchen lassen.

Gubbios Tore öffneten sich ihm erneut und er ging hinaus. Seine Sol-
datenkameraden und ihre Hunde folgten ihm mit Äxten, vorbei am Amphitheater und hinauf in den Wald und ins dichte Unterholz. Schon bald
aber ließ die Angst sie erstarren und sie konnten nicht weitergehen. Nur
Franziskus ging weiter, in seinem Gewand und den ausgetretenen Schu-
hen.

Im *Bestiarium* steht auch geschrieben, dass der Wolf, wenn der Mensch
ihn zuerst sieht, seinen Zorn verliert.

Er rief den Wolf – *Bruder!* –, bevor der Wolf sich zu ihm umdrehen
konnte. Er sprach in seiner seltsamen Mischung aus Latein und Umbrisch
und vielleicht auch in seiner eigenen, gesegneten Zunge der Wildheit.

Bald sollten Franziskus viele Geschichten folgen, die von dieser Wildheit erzählten und davon, wie sie ihn seinem Gott näherbrachte. Gebildete Männer und Frauen sollten davon schreiben, wie er, wenn er die Strada Francesca entlangging, Würmer aus seinem Weg schob, um sie nicht zu zertrampeln. Frösche verstummten bei seinen Predigten, denn er kannte ihre Sprache. Saß er im Dreck und predigte den Vögeln, was er oft tat, schalt er sie sanft.

Seht euch an, ihr Vögel, sagte er. In drei Lagen von Kleidern seid ihr gewandet, obgleich ihr keinen Stich nähen könnt. Ihr beackert kein Feld und geht nicht zur Jagd und seid doch wohlgenährt. Es ist ein Wunder, wie wenig euch zu schaffen macht. Schwestern, eure einzige Sünde mag Undankbarkeit sein, denn so viele Geschöpfe ringen mit so viel größerer Sünde – Sünde, die einem tödlicheren Begehren entspringt.

Dem Wolf jedoch sprach Franziskus nicht von Gottes Großzügigkeit. Stattdessen sagte er: *Bruder! Ich kenne deinen Hunger.*

Darauf antwortete der Wolf: *Seht!*

In der Tür zur Basilika von Assisi befindet sich unter den Holzreliefs eine Szene im Wald, in der Franziskus dem vor ihm kauernden Wolf seine geöffnete Hand entgegenhält. Ein Fresko im Kloster von Saorge zeigt den Wolf mager wie eine Katze und mit drei Klauen einer Eidechse – Franziskus segnet das Tier mit erhobenen Fingern. Über sechstausend Kilometer entfernt hängt über der Tür der Chapel of Francis and the Wolf ein Lünette-Relief, auf dem er seine Handfläche auf die Stirn des Tieres presst. Auf einer Steintafel im Garten von Santa Maria della Vittoria in Gubbio steht der Wolf auf den Hinterläufen und legt Franziskus die Vorderpfoten in einer Art Umarmung auf die Schultern. Ein Frontispiz in den *Fioretti di San Francesco* zeigt das Paar, wie es auf die Stadtmauer von Gubbio zugeht, der Wolf dicht an der Seite des Mannes. Und ein Altarbild in Sansepolcro stellt die angsterfüllten Bürger der Stadt dar, die ihre Straßen blockieren, und einen Franziskus mit Heiligenschein, der sie ersucht, ihm den Weg nach Gubbio freizugeben. In seiner Hand hält er die Pfote des Wolfs.

Noch vor Ende des Winters war Franziskus nach Assisi zurückgekehrt, um auf den Straßen um Steine zu betteln. Neuigkeiten von ihm und seiner Legende fanden noch die nächsten zwanzig Jahre über ihren Weg zurück nach Gubbio. Dass er ein Rudel von elf Männern gefunden hatte, die ihm durch Umbrien folgten; auf ihrem Weg von Stadt zu Stadt heulten sie in den Wäldern. Dass Franziskus auf ihrem Hungermarsch Gebete in den Wind warf und sie gierig verschlang. Dass die fünf Wunden Christi auf seinem Leib erschienen, als er an einem Berghang versteckt in einem dunklen Wald voller Diebe verhungerte. Dass er nur zwei Winter nach seinem Tod heiliggesprochen wurde.

Zu dem Zeitpunkt war Franziskus in Gubbio kaum mehr als ein Traum, eine Geschichte in einem Buch, die sich selbst fortschreibt. Der Wolf jedoch blieb. Zwei Winter lang, nachdem Franziskus die Stadt verlassen hatte, besuchte er Gubbio jede Woche. Wann immer der Wolf sich den Toren näherte, hieß man ihn voller Zuneigung willkommen. So auch auf dem farbenfrohen Ölgemälde, das den Wolf auf der Türschwelle eines Händlers in Gubbio zeigt, der ihm ein paar Speisereste zu fressen gibt. Eine Mutter und ihr Kind sehen zu, ein Hund schläft zu Füßen des Wolfs und Franziskus' Heiligenschein schwebt über seinem Kopf.

Doch den Einwohnern der Stadt fiel unweigerlich auf, wie sehr sich der Wolf verändert hatte. Manch einer fragte, ob die Kreatur, die bettelnd vor den Toren stand, wirklich noch ein Wolf sei. Frisst er noch den Wind, wenn er am Verhungern ist? Hasst er noch den Klang aufeinander schlagender Steine? Sollten sich Reisende immer noch ein Wolfsauge an den Ärmel nähen, um die Straßenräuber abzuschrecken, und sollten zahnende Säuglinge zur Linderung immer noch an einem Wolfszahn nuckeln? Sie standen vor einem Rätsel.

Sie begannen sich zu fragen, ob Hunger der einzige Unterschied zwischen einem Teufel und einem Hund sei. Und da der Wolf nun etwas ganz anderes war, dachten sie über den Mann nach, der sie überredet hatte, ihn zu zähmen. Wenn der Wolf kein Wolf war und Franziskus kein Mensch mehr, was war dann Gubbio?

Ihre Bücher boten ihnen keine Hilfe, auf Fragen dieser Art hatten sie keine Antwort. Ihre Seiten inszenierten – und illustrierten – die Tierwelt schlicht als eine sonderbare und unübersichtliche Stätte des Hungers und der Arglist, der Güte und der Wollust. Wähle dir ein Tier, das du verehrst, sagten die Bücher, und eines, das du hoffentlich niemals in dein Inneres lassen wirst. Sei der Pilger, nicht der Straßenräuber. Sei das Lamm, nicht der Wolf. Doch an keiner Stelle verrieten die Bücher Gubbio die Wahrheit: *Niemals werdet ihr Bürger wirklich das eine oder das andere sein.*

Der Wolf und der Heilige ähneln einander mehr, als ihr einem von beiden ähnelt. Denn der Hunger, den ihr, Bürger von Gubbio, in euch spürt, ist nicht ihr Hunger. In eurem Hunger liegt kein Zauber und ebenso wenig in eurer Güte. Die wilden Tiere eures Hungers und die Heiligen eurer Gerechtigkeit werden eure Körper niemals verlassen, um gemeinsam die Landstraße entlangzugehen. Körperlos und verunsichert bleiben sie vielmehr in euren einfachen Menschenherzen gefangen.

Außerhalb euer selbst, jenseits der Stadttore und des Amphitheaters mögen die Leidenschaftlichen dieser Erde einander gegenüberstehen, doch sind sie auch ineinander verflochten – sie tauschen die Plätze, teilen Legenden. Ihr aber habt Nachrichten von ihnen nur in euren Büchern zu verwahren. Und darin, Brüder und Schwestern, mögt ihr Trost finden.

Seid dankbar, dass euer Hunger der Magie nicht fähig ist. Es ist ein Segen, lauwarm zu sein und voller Gebete, die euch nicht allein ernähren. Wendet euch also ab vom Fenster und kehrt zu euren gehüteten und bescheidenen Feuern zurück. Arbeitet im Innern der Stadttore und findet das Königreich in euren kleinen Bilderbüchern. Sammelt Steine, um eine Kirche mit hohen Mauern und Türmen zu bauen, und radiert eure Heiligen und eure wilden

Tiere über ihre Türen. Betet sechshundertfünfzig Jahre lang sicher in dieser Kirche, und wenn die Steine nachgeben, lasst sie nicht zerfallen wie euer altes Amphitheater. Viele Winter müsst ihr arbeiten, um diese heilige Kirche wieder zu befestigen; gebt ihr einen neuen Namen und benennt sie nach eurem Schutzheiligen.

Und wenn ihr das Fundament der Kirche freilegt: Seht! So werdet ihr die Knochen eines Wolfs – oder eines Hundes? – unter den Steinen begraben finden.

GANDA

(Rhinoceros unicornis)

1515

Wir wissen, dass es ein Nashorn ist, auch wenn es keines ist.
Prof. Evelyn Welch

Albrecht Dürer hat die »wunderbare Sau von Landser« nie zu Gesicht bekommen. Geboren am Gedenktag des Heiligen Suitbert im Jahr 1496, lebte das Schwein nur vierundzwanzig Stunden, am Rande Deutschlands, weit entfernt von Dürers Werkstatt. Doch Neuigkeiten reisten schneller, als ein Körper es je vermochte, und wer im Land etwas für Sonderbarkeiten übrighatte, der wusste schon zu Ostern von dem Tier: ein wahres Doppelschwein, mit einem Kopf, zwei Zungen und acht Beinen wie eine Spinne.

Vermutlich sah Dürer Sebastian Brants Flugblatt, als es in Nürnberg die Runde machte. Brant hatte das Schwein mit eigenen Augen gesehen, und doch bestand das Bild, zu dem es ihn anregte, aus kaum mehr als einer Handvoll dichter schwarzer Striche. In Brants Holzschnitt berühren sich die Zwillingsbäuche der Sau, und ihre vier Vorderbeine strecken sich nacheinander aus wie zu einer Umarmung. Obwohl die beiden Körper in einem Kopf zusammenlaufen, zeigt das Bild eine zarte Figur: mehr Allemande als Totentanz.

Selbst aus vierhundert Kilometern Entfernung wusste Dürer, dass er einem befriedigenden Bildnis näherkommen konnte. Es spielte keine Rolle, dass er anders als Brant nicht über Wissen aus erster Hand verfügte; ein saftiges Bild ließ sich auch dann als »nach dem Leben gezeichnet« verkaufen, wenn der Künstler lediglich ein totes und gepökeltes Exemplar oder die ungefähre Skizze aus der unsicheren Hand eines Augenzeugen zu Gesicht bekommen hatte. So stand es um die Druckkunst zu Beginn der Nordischen Renaissance, als die halbe Welt auf Hörensagen beruhte und der Rest auf Neugier.

Also wurde bei Dürer aus dem Doppelschwein eine Sau und kein Ferkel – ein ausgewachsenes Monster für eine verdorbene Welt. Und wo Brants Holzschnitt flach und schlicht ist, scheint Dürers Kupfer-Intaglio vor lauter Tiefe zu surren. Das Schwein wirkt, als führe es innerlich Krieg gegen sich selbst. Blökend keilt es mit seinen unnützen Rückenhufen gen Himmel aus. Die sechs unteren Beine werfen schraffierte Bewegungsschatten, und die beiden Schwänze entrollen sich in entgegengesetzten Spiralen. Die üblichen Merkmale eines Schweins sind makellos – das borstige Fell entlang des doppelten Rückens und ein aufgerissenes Maul, das zwei dolchartige, jeweils auf ein anderes Stück Landserboden weisende Zungen entblößt.

Ein Druck von Dürers *Wunderbarer Sau* war in Nürnberg zum Preis eines Würstchens zu haben: ein Schwein für ein Schwein. Oder vielmehr, ein Schwein für die Welt. Überall auf den Märkten der Freistadt – mit ihren Bratwürsten und Amuletten und Flugblatt-Bestiarien – spürten die Käufer, dass unruhige, beinahe schwindelerregende Veränderungen in der Luft lagen. Die Stadt wuchs nicht nach außen, vielmehr setzte die gesamte Schöpfung zum Sprung über die Stadttore an, und jede Neuentdeckung brachte mehr Unbekanntes und neue Erfindungen mit sich.

Nürnberg hatte soeben seinen ersten Globus gesehen und sein erstes Cembalo gehört. 1510 machte die erste Taschenuhr, das »Nürnberger Ei«, die Zeit tragbar. Und in den rund sechzig Jahren seit Gutenbergs Druckerpresse fanden sechs Millionen Bücher ihren Weg durch das nördliche Europa, viele davon von Nürnberg aus, der Stadt mit der größten Papiermühle. Zum ersten Mal in der Geschichte gab es mehr Blatt Papier auf dem Kontinent als Menschen: Gefechtskarten zum Sammeln, Erotika, Loseblatt-Gedichte über den feurigen Felsbrocken, der vom Himmel gefallen war, um Ensisheim aufzurütteln.

Für jedes erdenkliche Hirngespinst schien sich in irgendeinem weit hergeholten Bericht ein Beleg finden zu lassen. Die wildesten Ängste, die gottverlassensten Einfälle – sie alle ließen sich aus dem Himmel hervorzaubern und in Holzschnitten festhalten: eine Albtraumbestie, eine frische Syphilis oder ein Volksmärchen vom anderen Ende der Welt, die keine Enden mehr *hatte*, weil Magellan soeben bestätigt hatte, dass die Erde eine – immer vielschichtiger werdende – Kugel ist.

1515 landete ein weiteres Flugblatt in Dürers Werkstatt – nicht aus Landser, sondern aus Lissabon. Irgendein Sultan hatte dem portugiesischen König ein fast unbeschreibliches Lebewesen geschenkt. Eine einhörnige Kreatur, die selbst im Jahrhundert der Sau zu Landser und der doppelhälsigen Gans von Guggenheim nicht von dieser Welt zu sein schien. Unvorstellbar trotz der siamesischen Zwillinge von Worms und des Hundes, der aus einem Vogelei geschlüpft war.

In Europa war das Tier zuletzt Jahrhunderte zuvor gesichtet worden, im alten Kolosseum, wo es Panther und Stiere mit seinem Horn ausweidete und anschließend auf dem Zirkusboden einschlief. Kaiser Domitian hatte sein wunderliches Abbild auf längst verlorene Bronzemünzen prägen lassen. Plinius der Ältere war im Jahr 77 davon so beeindruckt, dass er das Tier zum natürlichen Rivalen des Elefantenkönigs erklärte, wobei er hervorhob, wie es in einer Dschungelschlacht »das Horn an harten Steinen schleift«, um damit dann die verletzliche Flanke des Dickhäuters zu durchbohren. Doch kurz nach diesem Gastauftritt in Plinius' *Naturalis historia* verschwand das gehörnte Tier gänzlich aus Europa.

Als es dreizehnhundert Jahre später zurückkehrte, erinnerte sich Portugals König Manuel I. an seinen Plinius. Kaum hatte das Schiff voller Gewürze, das sein lebendiges, atmendes, zwei Tonnen schweres Geschenk trug, im Hafen von Lissabon angelegt, stellte er das neue Tier gegen den jüngsten Elefanten seiner Menagerie auf. Am Tag des Kampfes verbarg ein sumatrischer Händler namens Ocem die Kreatur, die er Ganda nannte, hinter einem gewaltigen Wandteppich im Hof des Ribeira-Palastes. Der

Elefant zeigte sich entschieden weniger beeindruckt von der dann folgenden Enthüllung als die anwesenden Geistlichen, Hofkünstler und Edelleute. Er weigerte sich, Gandas Horn auch nur eines Blickes zu würdigen, und stapfte von der Bühne, wobei er, Plinius hin, Plinius her, noch nicht einmal trompetete.

Doch man stelle sich vor, Gandas unerhörte Gestalt hinter dem Teppich hervortreten zu sehen. Ein Geschöpf, das man selbst niemals hätte erfinden können – größer sogar als der Elefant! –, mit gefächerten Lagen dunkelgrauer, rosafarben unterlegter Haut, die wie Wellen über sein Skelett wogten. Was sollte ein Menschenhirn mit diesen kommaförmigen Ohren und ihrem Abstand zu diesem plumpen, obszönen Horn anfangen? Welcher Europäer wäre auf diese überraschend kleinen Augen vorbereitet gewesen, die wie Glimmerstücke in schmutzigem Marmor mit seinen Wangen verschmolzen? Ganz zu schweigen von der gequälten Art, wie es seine Wut in sich anschwellen ließ, eher siedend als stürmisch, als wolle das Monster tief in seinem Inneren ganz einfach in Ruhe gelassen werden.

Unter den Zuschauern in Lissabon war auch ein Drucker – ein emigrierter Deutscher, der mit seinen Nürnberger Kollegen weiterhin in Verbindung stand. Er zeichnete Gandas massige Gestalt und das riesige Horn und beschrieb das Tier auf einem Blatt Papier unter der Überschrift RHINOCERON. Dann schickte er die Seite mit einer Notiz gen Norden: »Das hab ich dir von Wunders wegen müssen abkonterfeit schicken.« Und hier, auf dieser per Post überbrachten Skizze, sehen wir ein Geschöpf mit zwei Körpern.

Der erste Körper ist exakt das, was Lissabon sah: Gandas Haut, Auge und Stachel am Ende von Ocems Leine. Es ist der in Sumatra geborene Körper, der die viermonatige Reise wie durch ein Wunder lebend überstanden hatte. Nach dem misslungenen Kampf wird König Manuel diesen Körper nach Rom schicken, um Plinius noch einmal auf die Probe zu stellen – dieses Mal in einem Kampf mit Hanno, dem weißen Elefanten des Papstes. Für die Reise wird dieser Körper – möglicherweise in Anlehnung an ein Hochzeitsgewand – in grünen Samt gehüllt und mit Nelken und goldenen Schnüren geschmückt. Auf einer Insel vor Marseille wird der Ganda-Körper einen Boxenstopp einlegen, damit ihm der König von Frankreich von der Küste aus zuwinken kann. Und zwei Wochen später wird man diesen Körper im Bauch des nach wie vor gen Rom segelnden Schiffs anketten, als ein Sturm es im Ligurischen Meer versenkt.

Der zweite Körper befindet sich auf dem Skizzenblatt des deutschen Druckers – RHINOCERON –, und dieser hat noch eine lange Reise vor sich. Denn RHINOCERON ist weniger ein Körper als vielmehr die Idee desselben. RHINOCERON ist ein Stille-Post-Spiel, ein Jahrhunderte währendes Durcheinander aus Namen, Formen, Missverständnissen und erzwungenen Bedeutungen. Diese Idee eines Körpers braucht keine Ketten, kein Schiff voller Gewürze und keinen Ocem, der sie trägt. Sie ist der gehörnte Papierkörper. Unbewacht wandert sie fern der historischen Berichte durch eine Art kollektiven Kontinentaltraum.

Dieser Körper wurde lange vor König Manuel geboren, als Kaiser Domitian das schmucklose Abbild des Tieres in seine Jubiläumsmünze hämmerte. Und während der natürliche Ganda-Körper unterging, verschwand dieses Bild nicht mehr aus Europa. Auf seiner Reise durch die Jahrhunderte – in Büchern und Sagen – schleppte es auch die von Plinius behauptete Elefantenfeindschaft mit sich herum. Der Körper tauchte, umbenannt in »Behemoth«, im Buch Hiob auf, wo er sich den wütenden Fluss Jordan unbeeindruckt ins Maul strömen ließ. Und in den mittelalterlichen Bestiarien wechselte er irgendwie die Farbe; sein Horn wurde schärfer und erhielt magische Kräfte. Aus Plinius' kämpfendem Tier, das er »monoceron« nannte, wurde das schneeweiße Einhorn des Mittelalters – ein sanfterer, göttlicherer Vierfüßer, der nur mit einem jungfräulichen Schoß zu ködern war. Beinahe tausend Jahre später tauchte es in den Reisebeschreibungen Marco Polos als »garstige Gestalt« auf, die mit ihrem »schweinegleichen Kopf« im Schlamm Sumatras wühle, »vollkommen unähnlich jenen Einhörnern, von denen unsere Märchen in Europa erzählen«. Fast meint man, Marco Polo zu sehen, wie er, Jahre von seiner Heimat entfernt, verwirrt den Kopf schüttelt: »Diese Kreatur ist gänzlich anders als das, was wir uns vorstellten.«

1515 landeten diese beiden Körper, das Tier und die Idee des Tieres, auf demselben Kontinent. Ein Doppelschwein aus Fakten und Erzählung, bereit zum Zweikampf. Und nachdem es die kleine Zeichnung mit dem Titel RHINOCERON auf dem Postweg hinauf bis nach Nürnberg geschafft hatte, standen sich die beiden Körper im Kopf eines vierundvierzigjährigen Druckers gegenüber, der über seine eigene Druckerpresse und beinahe unerschöpfliche Reserven an Tinte und Papier und Begabung verfügte.

Albrecht Dürer war für seine Detailtreue berühmt, insbesondere lebendiger Dinge. Man betrachte nur die tausendfachen Aquarell-Strähnen im Fell seines *Jungen Feldhasen* oder die perfekten Gouache-Federn im *Flügel einer Blauracke*. Im *Großen Rasenstück* studierte er jedes Schilfgras und jede Mooslocke, ja jede einzelne Blattzacke bis ins Kleinste. Mit einer solchen Präzision wird ein Stück Erde zum Himmelreich, so wunderbar wie eine ungestalte Sau. »Darum sieh sie fleißig an, richte dich danach und geh nicht ab von der Natur in deinem Gutdünken, dass du meintest, es besser von dir selbst zu finden«, schrieb Dürer. »Dann wirst du in die Irre geführt.«

Doch in seinem Werk nahm Dürer immer wieder gehörige Schmerzen auf sich, um sein eigenes unstetes Gutdünken, seine Träume und geborgten Wahrheiten gewähren zu lassen. Eine venezianische Krabbe ging ihm ebenso gut von der Hand wie ein Meeresungeheuer, das eine gelangweilte Mailänderin durchs Wasser schleppt. Im selben Jahr, in dem sein Meisterwerk *Das große Rasenstück* entstand, illustrierte er einen seiner Albträume so nüchtern und unaufgeregt, als handele es sich um die Landschaft vor seinem Fenster. An den Rand seines Notizbuchs zeichnete er den blutroten Regen, der 1503 angeblich auf Nürnberg fiel, triefende kruzifixförmige Tropfen auf der Schürze seiner Magd. Dürer war zweifellos ein Erzeugnis seiner Zeit, und als solches unterschied er nicht zwischen dem Innen und dem Außen, dem Gewöhnlichen und dem Unbekannten. All das gehörte gleichermaßen in die Welt und ging nahtlos ineinander über.

Ein wahrer Künstler, so Dürer, meistere zunächst die natürlichen Formen der sichtbaren Welt – Fell, Gras, Flügel –, um dann die fantastischeren Kessel seiner Kunst zu befeuern. Man perfektioniert Schnauze und Ringelschwanz und verdient damit die Berechtigung, sich eine missgebildete Sau lebensecht auszumalen. Hat man Mensch, Schlange, Ziege und Tiger aus jedem erdenklichen Blickwinkel studiert, erträumt man einen apokalyptischen Holzschnitt, in dem ein Bischof in den Schlund eines Drachens stürzt. Und taucht eines Tages in Nürnberg eine fleckige Zeichnung von einem gewissen RHINOCERON auf, erlauben es diese Fähigkeiten dem Meisterkünstler, die Lücken so zu füllen, wie er es für angemessen hält.

Beim RHINOCERON handelt es sich laut Dürer daher um Folgendes. Das RHINOCERON hat vier stämmige Beine und steht in voller Rüstung mit geneigtem Kopf nach rechts ausgerichtet. Das RHINOCERON ist ein mit sieben unbeweglichen, mit einem je eigenen Mosaik aus Sicheln und Halbkreisen verzierten Platten bedecktes Skelett. An den Beinen sind die Platten gesäumt, als wären es Ärmel. Sogar Manschetten haben sie! Eine Borte aus Ovalen, als hätte jemand mit dem Daumen auf dem RHINOCERON herumgedrückt, wie man den Rand einer Pastete verziert. An der Oberseite des Hinterteils ragen Ösen hervor, und seine Hüfte könnte auch als Schildkrötenpanzer durchgehen. Seine Stirn ist voller Dornen, sein Hals ein Muschelkragen.

Um das RHINOCERON auf Papier zu bannen, hat Dürer sich ganz offensichtlich bei der ihm vertrauteren Natur bedient: daher die struppigen Schweineohren (viel länger als Gandas) und der pinselartige Pferdeschweif. Seine schuppigen Beine haben etwas Reptilienhaftes, und sein

Maul ist schlicht und einfach das eines Rinds. Das Horn auf der Nase sieht aus wie ein Einhorn – lang und ziemlich dünn ragt es in einem 45-Grad-Winkel nach oben. Als würde es der Tür eines Käfigs einen Stoß geben, drückt das Tier sein Horn gegen den Rand des Holzschnitts. Und natürlich hat es laut Dürer jenes inzwischen berühmte *zweite* Horn – mitunter »Dürerhörnchen« genannt –, das es in der Natur nie gegeben hat. Bei Dürer ragt das Hörnchen wie ein Stiletto oder ein abgespreizter kleiner Finger zwischen den Schultern hervor.

Weshalb das zweite Horn? Weshalb die verzierte Rüstung? War Dürer falsch informiert – kaum jemand weiß, was genau die RHINOCE-RON-Zeichnung aus Lissabon ihm berichtet hat –, oder ist seine Fantasie mit ihm durchgegangen? Wie es auch sein mag: Dürers Abbildung ist so verwirrend wie faszinierend. Bei jedem Blick zeigt sich ein neuer Körper; einmal sieht man ein wohlbekanntes Tier mit vier Füßen und tiefliegenden Augen, ein anderes Mal das Standbild eines Ungeheuers. Dürer ist es gelungen, beide Körper – die biologische Ganda und das mythische RHINOCERON – und beide Realitäten – die natürliche und die imaginierte – mit zeitloser Kunstfertigkeit abzubilden. Betrachtet man den Tierleib in jenem Rahmen, ist es, als bezeuge man einen Kampf zwischen dem Verstörenden und dem Vertrauten. Es gleicht dem Gefühl, das entsteht, wenn man zwei einander abstoßende Magneten so fest gegeneinanderdrückt, dass sie zu zittern beginnen.

»Das nennen sie *Rhinocerus*«, schrieb Dürer an den oberen Seitenrand. »Das ist hier mit aller seiner Gestalt abkonterfeit.«

Ein Holzschnitt konnte es in weniger als zwei Wochen auf den Nürnberger Markt schaffen. Hatte der Künstler seine Meisterzeichnung angefertigt, legte ein Formschneider sie auf einen dünnen Druckstock aus Birnenholz. Gegen den Strich des Holzes entfernte er mit der feinsten Klinge die nicht ausgefüllten Teile der Zeichnung, so dass sich das Bild auf dem Holz als Relief abhob. Nachdem mit einer Walze Tinte aufgetragen und der Druckstock in eine schwere Presse gespannt wurde, erschien Dürers *Rhinocerus* schwarz und glänzend auf einem neuen Blatt Papier.

Sobald das Blatt auf einer Leine zum Trocknen hing, konnte derselbe Druckstock erneut eingefärbt werden, was auch geschah. Zu Dürers Lebzeiten stellte die Werkstatt mindestens viertausend Mal das *Rhinocerus* her und dann noch weitaus öfter, noch lange nach seinem Tod im Jahr 1528. Selbst noch im 17. Jahrhundert, als der Druckstock in neue Hände kam und in die Niederlande reiste. Und immer wieder – auch als der Rand brüchig wurde und Holzwürmer sich durch den Rahmen und die Schuppen an den Beinen fraßen, bis die gesprungene Platte lediglich zum Druck eines grünen Clair-obscur-Schnitts taugte.

Hatte es vom antiken Rom bis zur Renaissance nur einen einzigen Ganda-Körper gegeben, fluteten nun Tausende und Abertausende Dürer-Rhinos – samt Zweithorn und allem Drum und Dran – in weniger als hundert Jahren den Kontinent. Und im Gegensatz zu den imaginierten Körpern des RHINOCERON in Mythen und Bestiarien, die mit jeder Weitererzählung die Gestalt änderten, gab es von Dürers *Rhinocerus* unzählige peinlich genaue Kopien, wiederholten sich seine sichtbaren Wesenszüge wortgetreu in jeder Bibliothek und in jedem Kuriositätenkabinett. Heute ist es schwer zu verstehen, was – nach so viel Nichts – diese Art exponentieller Vervielfachung mit einer Kultur anstellt. Glücklicherweise stehen uns vier Jahrhunderte sichtbarer Beweise zur Verfügung.

Nach und nach übernahmen Naturstudien und Tierbücher in England, Belgien und Frankreich den Körper so, wie ihn Dürer erdacht hatte. Die Deutschen tauften ihn innerhalb kurzer Zeit »Nashorn« beziehungsweise »Panzernashorn«. Reisebücher zeichneten ihn – mit den Platten, der schlechten Laune und den Kuhlippen – an Orten, an denen Ganda sich niemals blicken lassen würde, in China oder am Kap der Guten Hoffnung etwa. Ein Medici schmückte sein Wappen mit Dürers Nashorn, und Heinrich II. von Frankreich bestellte für seine königliche Parade einen Obelisken, an dessen Fuß ein *Rhinocerus* einen Löwen niedertrampelt. 1850 gab ein Habsburger Erzherzog das Porträt einer Braut in Auftrag, die auf einem *Rhinocerus* zu ihrer Hochzeit reitet. Italienische Bildhauer meißelten seinen düsteren Blick in eine Grotte bei Florenz und einen Brunnen auf Sizilien.

Flämische Werkstätten versteckten den Dürer-Körper beim Betreten der Arche oder Grimassen schneidend neben einem trällernden Orpheus zwischen den prächtigen Blättern ihrer Wandteppiche. Stets hatten die Körper dieselbe Haltung wie auf dem Holzschnitt: dieselbe Ausrichtung, der Kopf gesenkt, das Gesicht stoisch und eine Spur gelangweilt. Im selben Jahr, in dem Vermeer seine schimmernd-perfekte *Spitzenklöpplerin* malte, zeichnete Francis Barlow das *Rhinocerus*, wie es einem Elefanten – genau wie von Plinius vorgesehen – das Horn in die Flanke schlägt. Ebenfalls in diesem Jahr zeichnete ein Mann in Persien einen Körper, der Ganda sehr viel näherkam, doch nahm in Europa niemand Notiz davon.

In Paris schufen Weber zwei *Rhinoceri*, die, an den Nackenhörnern angespannt, mürrisch einen Streitwagen zogen. Achtzig Jahre später webten dieselben Webstühle eine Szene, in der der Hörnchen-Körper einer Hyäne beim Zernagen eines Zebrahalses zusieht. Dieses blutige Motiv wurde fünfzig Jahre lang immer wieder reproduziert, bis ins 18. Jahrhundert hinein, als es als Einlegearbeit auf Spieltischen ebenso Verwendung fand wie als Gravur auf Schildpatt-Schachbrettern und Onyx-Kameen. Keine dieser Reproduktionen bildete Dürer eins zu eins nach – es gab Abweichungen in den Proportionen, in Farben und Finesse –, doch die Schulterplatten, das gedrehte Hörnchen und der *Rhinocerus*-typische finstere Blick waren immer da. Innerhalb von zwei Jahrhunderten entstanden hunderttausend Exemplare einer Kreatur, bis fast jeder dem Körper seinen Namen zuordnen konnte. »Dies ist ein wunderbares Panzernashorn!«, eingesperrt in Öl oder Wolle oder Porzellan, auf Servierplatten, Vasen, Urnen oder Pokalen, die zu kunstvoll waren, als dass man daraus trank.

Erst nach 226 Jahren sollte das *Rhinocerus* einer Fleisch-und-Blut-Version seiner selbst begegnen. Ein gutmütiger weiblicher Körper, »zahm wie ein Lamm«, reiste Mitte des 18. Jahrhunderts in einem von zwanzig Pferden gezogenen Wagen durch Europa. Von Kopenhagen bis Neapel zahlten die Menschen kleines Geld dafür, die *Rhinocerus*-Dame im Vorübergehen anschauen zu dürfen. Einige gaben mehr aus und durften ihr auf einer Tribüne sitzend beim Heufressen zusehen, und eine Handvoll »Personen von Rang« bezahlte dafür, auf ihr zu reiten. Sobald sie rittlings auf ihr saßen, müssen sie bemerkt haben, dass ihre Haut nicht starr und unbeweglich war, sondern sich in Falten übereinanderlegte, und dass aus ihrem Rist kein Horn emporwuchs.

Kein Ganda-förmiges Tier hatte ähnlich weite Teile des Kontinents bereist oder dort so lange Zeit überlebt. Sie löste Panik aus. Man nannte sie Clara.

Und hier, im Jahr 1749, wiederholt sich beinahe die Ganda-Erzählung von 1515. Der »Jagdmaler« König Ludwigs XV. kam nach Versailles, um etwas Lebendiges und Wundersames zu zeichnen. Doch anders als der Künstler im Lissaboner Palast zwei Jahrhunderte zuvor studierte dieser Mann namens Jean-Baptiste Oudry Claras Körper tagelang, vielleicht sogar länger, sollte er ihr im Sommer zu ihren Auftritten nach Paris gefolgt sein. Oudry zeichnete nicht ein Bild, sondern mehrere – manche mit Rötel, andere auf blauem Papier –, und alle nach dem Leben, wie es vor ihm stand.

Eines der Bilder wurde zu einem französischen Illustrator geschickt, der es für eine Bestseller-Enzyklopädie kopierte. Anders als Dürer zügelte dieser Künstler seine Fantasie, und so ist es tatsächlich in weiten Teilen ein Clara-Körper, der in den Tausenden von Exemplaren der *Histoire Naturelle* erscheint. Das Buch verkaufte sich so gut, dass der Verlag nach nur sechs Wochen eilig eine zweite Auflage in Auftrag geben musste. Auf diese Weise wurde Claras Körper – der Ganda-Körper – zu etwas, das ein Kind in einem Lehrbuch betrachten und schließlich aus dem Kopf zeichnen konnte. In Europa war Clara kein Mythos mehr, sondern ein Tier, das es eine Stadt weiter geben könnte, wie eine Sau oder einen jungen Feldhasen. Als sie 242 Jahre nach Ganda starb, nannte Linné sie *Rhinoceros unicornis*. Und auf Wollteppichen und Porzellanurnen erschien immer häufiger eine andere Figur, mit ihrer dunkleren Haut, ihrem einzelnen Horn und ihrem freundlicheren, halb geöffneten Maul, das aussieht, als wolle sie ein Blatt von einem Ast abrupfen. Oudry zeigte sein knapp fünf Meter breites Porträt in Öl erstmals in einem Salon im Louvre und nannte das Gemälde nach Art von Linné *Rhinoceros*.

Auf der gewaltigen Leinwand zeigt sich Clara mit erhobenem Kopf und aufgestellten Ohren von links. Ihre Hautfalten weisen jene rosafarbenen Schatten auf, von denen wir heute wissen, dass sie typisch für die Art sind. Statt wie zum Kampf gerüstet wirkt sie nass und beinahe seidig. Ihr Auge ist eine rot umschlossene, fremdartige schwarze Perle.

Doch trotz der bestechenden Ähnlichkeit fehlt auf dem riesigen Porträt irgendetwas. Obgleich von einem tiefen Bewusstsein für Proportion, Farbgebung und Haltung durchdrungen, ist das *Rhinoceros* statisch, als würde es sich weigern, sich dem Betrachter zu öffnen. Nichts ist deformiert oder verrutscht. Nichts im Inneren des Körpers drängt hinaus.

Oudrys *Rhinoceros* veranschaulicht eine grundlegende Beschränkung: die Grenze, die ein natürlicher Tierkörper für unseren menschlichen Verstand darstellt. Wir können uns nur bis zu einem gewissen Grad einem anderen »echten« Lebewesen nähern. Ein Künstler, der sich entscheidet, exakt das abzubilden, was das menschliche Auge sieht, wenn der Mensch einem Tier gegenübersteht, muss notgedrungen dieses Defizit erschaffen. Irgendetwas verschwindet, wenn wir mit so hinreißender Genauigkeit von der Natur berichten. Diese Einbuße ist nicht auf die Malerei beschränkt. Selbst wenn Clara in unsere Stadt käme, selbst wenn wir die zusätzlichen Pfennige bezahlten, um sie berühren zu dürfen, wäre der Abstand zwischen dem Fleisch unserer Handflächen und der anderen Seite ihres dunklen Körpers unermesslich und absolut.

Denn welcher Nürnberger kann schon wissen, wie ein junger Feldhase die Welt sieht? Welcher Einwohner von Landser versteht, was Zeit für eine Sau bedeutet, missgebildet oder nicht? Und – das mag noch wichtiger sein – was in aller Welt sieht ein Europäer wirklich, wenn sein Auge auf ein Zwei-Tonnen-Viech aus Assam fällt? Ob in Versailles, im Hof des Ribeira-Palastes oder in einem beliebigen *parc sauvage*, der eine Viermonatsreise entfernt von Gandas rechtmäßigem Winkel auf diesem Planeten liegt – was sehen wir wirklich? Ihr Körper erinnert uns an diese Entfernung. Er erinnert uns daran, dass ein Lebewesen wie Clara – seit der Geburt in Häusern großgezogen, in einem so engen Käfig von Land zu Land rasend, dass sie ihr Horn an den Wänden herunterschleift – wohl immer fantastischer wirken wird als ein Holzschnitt an einer Wand in Nürnberg.

Was fehlt in Oudrys großartigem *Rhinoceros*-Gemälde? Fehlinformation. Was Dürers Sicht auf das Tier so reproduzierbar machte, was es uns so *nahe* brachte, ist, dass ihm, Dürer, nie ein Nashorn gegenüberstand. Dient der leibhaftige Körper als eine Begrenzung, dann war es die Abwesenheit des Körpers, die es Dürer erlaubte, in das uralte RHINOCERON einzudringen und es von innen nach außen zu zeichnen. Und unter der Haut platzierte er ein völlig anderes Tier. Wenn wir einen *Rhinocerus*-Druck betrachten (wie wir es inzwischen seit einem halben Jahrtausend tun), sehen wir womöglich nicht mehr als einen Innenraum – einen Raum, der aus all dem besteht, was *wir* uns fragen, was *wir* wollen, was *uns* verwirrt. Kein wahres Nashorn, sondern ein von wahrer Menschenangst und -furcht verdrehter Körper mit zwei Hörnern.

Dürers *Rhinocerus* erzählt von der Kunst, in einer modernen Welt zu leben, die riesige Kreaturen importieren kann, die wir niemals ganz verstehen werden. Von dem blanken Irrsinn, in einer derart monströsen, undurchdringlichen und vollkommen unsinnigen modernen Welt ein Dasein als *Homo sapiens* zu führen. Das Nashorn und die Idee eines Nashorns. Dürers Trick war es, sich jenen aufgeladenen Moment zunutze zu machen, in dem die menschliche Fantasie – zerstörerisch, wankelmütig und betrügerisch – die Gegebenheiten unseres Planeten, mögen sie real sein oder nicht, bekämpft und sie besiegt.

Vielleicht hat es mit diesem Sieg zu tun, dass 1745, inmitten des allgemeinen Clara-Fiebers, eine griesgrämige, fehlerhafte Figur auf dem Geschirr des Herzogs von Northumberland auftauchte. Wie ein Mittelfinger zeigte ihr überflüssiges Hörnchen in Richtung des oberen Tellerrands. Zehn Jahre später läuft Dürers *Rhinocerus* über die Piqué-Deckel filigraner Schnupftabakdosen. Als mit Tieren verzierte Rokoko-Uhren der letzte Schrei waren, bot der Meisteruhrmacher Jean-Joseph de Saint-Germain zwar ein Gehäuse mit einer einhörnigen Clara an, verkaufte seinen traditioneller gesinnten Kunden aber auch ein *Rhinocerus*-Modell mit Hörnchen.

Noch bis ins 19. Jahrhundert und obwohl bis dahin fünf weitere *Rhinoceros unicornis* den Kontinent besucht hatten, hing »Dürers Nashorn« überall in Europa an der Wand. 1895 erwarb das British Museum Dürers Originalzeichnung, die dort noch heute als »das überaus beliebte Bild europäischer Kunst« im Tresor für Druckgrafiken aufbewahrt wird. Der viktorianische Kritiker James Bruce nannte es »in allen Teilen wunderbar falsch ausgeführt« und bezeichnete Dürer als »die Quelle all jener grässlichen Formen, in denen dieses Tier seither gemalt wurde«.

Das Wunderbare und das Grässliche: Dies sind die beiden Stränge der *Rhinocerus*-Helix. Das ist es, was es heißt, eine Kreatur zu sein, deren natürlicher Lebensraum die menschliche Vorstellungskraft ist.

Das ist es, was Nandalal Bose, geboren 1882 und bekannt als »der Dürer der modernen indischen Kunst«, dazu bringt, einen kühnen Linolschnitt eines *Rhinocerus* nach Dürer für ein bengalisches Bilderbuch zu entwerfen.

Das ist es, was siebzig Jahre später zu Bernhard Jägers von innen nach außen gewendeter, Dürer imitierender Lithographie (*Innere Vorgänge eines Nashorns*) führt.

Und das ist es, was Salvador Dalí jenen *Rhinocerus*-Druck nie vergessen ließ, der im Haus seiner Kindheit hing. Als erwachsener Mann von über vierzig verkündete Dalí, er »werde klassisch«, um weiterhin für irrationale Entdeckungen zu kämpfen. Er erschlich sich eine Einladung in den Louvre, um in einem Hinterzimmer Vermeers klassisches Gemälde *Die Spitzenklöpplerin* zu kopieren. Nach kaum einer Stunde betrachtete er seine Leinwand und entdeckte, dass er stattdessen drei aufeinanderprallende Rhinozeros-Hörner gemalt hatte. In den Spiralen der Hörner habe er, so Dalí, »eine gewaltige Kraft« entdeckt, die auf atomarer Ebene jeder Kunst innewohne. Jedes europäische Gemälde sei, sagte er, im Herzen ein Nashorn.

Was blieb Dalí also anderes übrig, als die nächsten zehn Jahre lang auf links gezogene Nashörner zu malen? Er übernahm Dürers *Rhinocerus* als sein persönliches Emblem, genau wie der Medici es vierhundert Jahre zuvor getan hatte, und malte dann seine Frau Gala als die Heilige Jungfrau, deren Knochen sich in weiße Nashorn-Splitter auflösen. 1954 erdachte er eine neue Version eines Akts am Fenster, bei dem die Frau »von den [Nas-]Hörnern ihrer eigenen Keuschheit autosodomisiert wird«. Ein Jahr später malte er eine »paranoisch-kritische« Vermeer-Studie als Explosion kegelförmiger Hörner. Und wieder ein Jahr später entwirft er ein von Dürer inspiriertes *Kosmisches Rhinozeros* in Bronze mit Spinnenbeinen und einem dritten, goldenen Horn, das so lang ist, dass man es kaum noch als Hörnchen bezeichnen möchte. Es windet sich mittig über dem Nashornrücken in die Luft und lässt die Skulptur doppelt so hoch werden.

Und so musste es eine wahre Glanznummer werden, als Dalí eines Tages mit einer Filmcrew auf den Fersen in das Nashorngehege im Zoo von Vincennes stürzte und in der Nähe des ansässigen Ganda-Körpers – François mit Namen – seine Staffelei aufstellte. Im Stummfilm läuft das Tier im Hintergrund auf und ab, während Dalí seinen Daumen zu einer Kopie von Vermeers grazilier *Spitzenklöpplerin* erhebt, die auf einer weiteren Staffelei steht. Nachdem der Assistent ein konisch geformtes Stück

Brot – ein provisorisches Horn – an unpassender Stelle an Dalís Schädel hält, gibt es einen Schnitt, und der Ort wechselt. Dalí hat einen riesigen Druck der *Spitzenklöpplerin* über den Eingang zur Höhle des Nashorns gehängt: noch ein Kräftemessen zwischen einem natürlichen und einem Kunst-Körper.

Das Nashorn nähert sich Vermeers Gemälde, scheint an ihm zu schnüffeln und senkt den Kopf. Geduckt und verletzlich weicht es mit einigen stotternden Schritten zurück, bevor es sich um die eigene Achse dreht und aus dem Bild geht. Dann ein weiterer Schnitt: Dalí fordert die *Spitzenklöpplerin* selbst heraus – er nimmt ein langes dünnes Horn in die Hand, das er wie eine Turnierlanze im rechten Winkel zu seinem Körper hält, und rennt durch das Bild; das echte Nashorn ist nicht zu sehen. Obwohl es ein Stummfilm ist, hört man den Künstler beinahe schreien, als er das riesige Papier in Stücke reißt, und das rufen, was er zu seiner Frau sagte, als er zum ersten Mal ein Stück des Tieres in Händen hielt: »DIESES HORN WIRD MEIN LEBEN RETTEN!«

SACKERSON

(Ursus arctos)
1601

Den Sackerson habe ich wohl zwanzigmal los gesehn und ihn auch bei der Kette gepackt; aber ich versichre euch, die Weiber haben so gequiekt und geschrien, dass es eine Art hatte.

Slender in *Die lustigen Weiber von Windsor*

Der Londoner Bärengarten, verdreckt und übervoll, war dunstig, so viel Fleisch war zugegen. Bullen, Hähne, Doggen, Menschen und Schimpansen in einer derart üblen Luft, dass sich das Dach zu senken schien. So dunkel, dass die Grenze zwischen Mensch und Tier verschwamm. Dorthin, in diese Finsternis, führte Sir Raleigh seinen Franzosen, und andere Gesandte trafen dort ihre Spione. Und wozu die berühmten Feuerwerke? Damit die Leute, die Wetten gesetzt hatten, etwas sehen konnten.

Eine künstliche Rose, die hoch über der Menge hing, feuerte Rauch in den Mief, der zwischen den Rängen waberte. Sie begann sich zu drehen und spuckte rote Fetzen über die Stuhlreihen. Man hatte Birnen und Äpfel darin versteckt, die sie in die Menge katapultierte; die obstverrückten Leute sprangen auf und jagten den kullernden Früchten bis hinaus auf die Straßen von Bankside hinterher. Junge Burschen, in ihren verdreckten Handschuhen eifrig bei der Sache, warfen den Besuchern warmes Brot in den Schoß; die packten es und huschten Richtung Ausgang. Draußen würden sie schon ein anderes Sonntagsvergnügen finden: Bogenschießen, eine Frau oder ein Theaterstück.

In den Bordellen flussabwärts wurde weniger Unzucht getrieben. Und der Boden von St. Bartholomew war weniger blutgetränkt. Die blutige Schnauze oder das Blut der Dogge. Das Blut von Faustschlägen oben auf den Tribünen. Das Blut von Abfällen, die von den Schlachthöfen der Stadt aus die Themse hinab nach Bankside trieben. Und um die Jahrhundertwende schien es, als werde vor allem *sein* Blut vergossen.

Doch denkt nicht, die Menge im Bärengarten habe in ihm ein gebrochenes oder geprügeltes Ding gesehen. Glaubt mir, die Sache ist knifflig. Ich kann mir das Leben eines gehetzten Bären einzig als gebrochenen Dreiklang aus Maulkorb, Kette und Pfosten vorstellen. Mit stumpfen Zähnen und Hundekiefern, die sich auf ihn stürzen. Hat er einen der Köter überlebt, wirft man ihm den nächsten auf den geifernassen Pelz. Laufen konnte er nur in der Arena, und es war ein hart erkämpfter Spaziergang – in diesem nasskalten Theater musste er gegen Hunde kämpfen und seine Runden rennen. In diesem Garten, in dem selbst die Blumen lädiert waren: Die Rosetten, die man ihm an die Stirn heftete, dienten den springenden Doggen als Zielscheibe. Und wie sie sprangen! Sprangen und rissen mit ihren Mäulern das Fleisch heraus, das ihnen von beiden Seiten der Blüte aus entgegenschielte. So kräftig bissen sie zu, dass die Londoner Bürger meinten, die Augen eines Bären seien rosa.

Ein paar Jahre in dem Geschäft, und er war zu blind zum Kämpfen; die Bärenhüter mussten sich etwas einfallen lassen. Sie ketteten ihn in der Mitte der Arena an und ließen ihn, der geduckt am Boden saß, von Freiwilligen auspeitschen, bis das Blut ihm den Rücken hinabströmte. Manchmal hob er seine verfilzten Arme und kaute knirschend auf der Leine herum, bis sie in zwei Hälften riss. Einmal bückte er sich tief nach dem losen Knoten, befreite sich mit Mühe von dem Pfosten und lief in Schleifen rückwärts durch das Rund, woraufhin die Damen kreischten und die Bärenhüter flitzten. Unter lautstarkem Gejohle zerrten sie ihn zurück in seine Grube.

Denn selbst in diesem Zustand, fast lahm und erblindet, konnte er noch sechs Kilo schwere Doggen auf die Tribüne werfen. Hinauf in die Logen, den Damen auf den Schoß, an den Pumphosen der Männer vorbei. Als könne er die bebenden Schenkel einer Frau wittern und ihr den großen Hund Schwanz über Kopf geradewegs auf den Rock schleudern. Ein Schnauben, ein Schütteln, um den Hundespeichel loszuwerden, ein Wurf, und ein Damenschoß macht *uuh*. Dann holten sie einen weiteren Hund, dann zwei, bis sechs oder sieben Doggen die Arena säumten; seit er nicht mehr sehen konnte, war der Lärm noch quälender. Unfassbar, dass er noch am Leben war! Sie hätten ihr Geld mit ihm bedrucken können.

Elizabeth liebte ihn so sehr, dass sie die Vergnügungen donnerstags aussetzte. An besonders schönen Donnerstagen defilierte er am Theater vorbei, hinunter bis zur London Bridge. Er konnte die Lumpensammler riechen, die Schauspieler, die ältlichen Dirnen in den Bordellen, die mit schiefen Stimmen seinen Namen riefen. Die Bullen, denen man die Hörner mit Bändern geschmückt hatte, folgten hinterdrein, ebenso die Hähne in ihren Körben und die Hunde. »Der einzige Bär, der je die Hunde führte!«

Und selbst an seinen freien Abenden tauchte er auf, oder zumindest sein Name: in den Theatern der Stadt, dem Swan, dem Rose, dem Globe. Ein Daktylus auf der Zunge von Wasserdichtern. Bei dem einzigen Rivalen, den Shakespeare namentlich nannte. Bei Ben Jonson. In *Macbeth*, im fünften Akt bei Dunsinane. In *Was ihr wollt* zu Mariä Lichtmess, als der hübscheste falsche Junge der Lord-Chamberlain-Truppe säuselte: *Machet Ihr / Zu Eurem Ziele meine Ehre nicht, / Und hetzet jeglichen Verdacht auf sie, / Den ein tyrannisch Herz ersinnen kann?*

Also noch mal. Sie brachen den Bären nicht; sie bauten ihn auf. Sie nannten ihn bei seinem Namen, weil sie darin einen Geheimcode erkannten, der so erschreckend wie vertraut war. Sie sahen diesen Code in seiner Haltung – wie er mit seinem tiefsitzenden Bauch auf den zwei kurzen Beinen stand und die zehn Klauenfinger seiner Vorderpfoten spreizte. In dem Ring aus ausdrucksstarkem Weiß, der seine Pupillen, rund wie Perlen, einfasste. Und sie sahen ihn, wenn er – einen Bruchteil einer Sekunde bevor er zubiss – seinen Kopf neigte und seufzte.

Was sie sahen? Sich selbst natürlich.

Er war ein größerer Mensch – bleischwer und behaart, mit einer dicken Haut, die sich besser prügeln lässt, und dennoch einer von ihnen. Dieser massive kastanienfarbene Körper, der winzig wirkte, sobald seine Feinde ihn umzingelten. So wie die Arena im Verhältnis zum Fluss winzig wirkte, der nördlich von ihr dahinfloss: diese dreckige, verseuchte Themse. Fünf Pestwellen – dazu die Pocken, das »neue Fieber«, das seltsame »Schwitzen« – trieben am Bärengarten vorbei. Ein Fluss beispiellosen Siechtums. 1592 hatte die Pest die Stadt so fest im Griff, dass sämtliche Theater dicht schließen mussten. Alle zehn Jahre fast ein Viertel der Bevölkerung verloren, plus/minus zweitausend.

Ein elendes Zeitalter kann einen Garten erblinden lassen. Der Besucher sieht nach links, nach rechts, hinter sich und überlegt, wem aus diesem dunklen Quartett als Nächstes unerträgliches Leid widerfährt. Denn wenn unsere Clans sich in die Stadt ergießen, beißt die Natur zurück, und zwar so fest, dass es schmerzt. Der Teufel zieht die Natur an den Ohren, zielt, schließt eine Wette ab und lässt los. Wir schütteln sie von uns, und sie sammelt sich, doch fünf geifernde Mäuler der Natur springen uns an, bevor wir bereit sind.

Kein gelehrtes Clanmitglied – kein Arzt oder Priester – kann die Defilees von Krankheiten erklären. Das Unerklärliche treibt uns mitunter zu einer clanfreien Beschäftigung mit dem Selbst. Und das Selbst, darin gleicht es berühmten Bären, ist einzigartig. »Wir sind« tauscht bald den Platz mit »ich bin«. Dann wird vor lauter verhexten »ich bins« aus einem Clan eine Menschenmenge, und das ist etwas vollkommen anderes. Im Gegröle des Gartens hörte er diese »Ich bins«:

Ich bin dieser Bär, gefangen in dieser elenden Arena, heimgesucht von der tickenden Uhr der Natur. Ich verstecke mich nicht in abgezählten Rudeln, sondern erwarte den Tod ganz allein. Ich fürchte mich vor der mächtigen Zeit, denn mit jedem Jahr wird heftiger auf mich eingeprügelt. Ich spüre den Schmerz, spüre, wie er sich verdoppelt, und dann bin ich dieser Schmerz; beständig warte ich auf die neuen Zähne der Zeit. Und obwohl ich verwirrt bin, benebelt vom Siechtum, kann ich meine Augen doch nicht von *ihm* losreißen.

Sein Gebrüll, seine gewaltigen Hiebe, sein Blut, die Art, wie er zu jeder Tages- und Nachtzeit schäumt. Die Kette aus meinen Feinden trüge sich gewiss leichter, wenn ich ein paar Minuten von mir schleudern könnte, wenn ich dem Schmerz den Rücken brechen oder die Pest – winselnd – in den Schoß einer Dame befördern könnte. Denn selbst wenn ich wüsste, dass viele Jahre Leid und Krankheit mich erwarten – gegen die eine Stunde kämpfen zu können, die heute auf mir lastet, verspräche kurze Linderung. Den kranken Hund der Gegenwart loszuwerden. Ihn fortzuwerfen, diesen kontaminierten, mit meiner Geisteskraft besudelten Lumpen.

Ja. Ich beneide ihn. Denn er überlegt nicht, sondern bäumt sich auf – das ist seine Natur. Und daher schlage ich mit einem Stock auf sie ein.

VOGEL STAHRL

(Sturnus vulgaris)
1784

Er war nicht schlimm,
Nur war er etwas munter,
Doch auch mitunter
Ein lieber loser Schalk,
Und drum kein Dalk.

W.A.Mozart

Pfeifen Sie einem Star in seinem Käfig mal ein wenig Mozart vor. Sind ihm Menschen als Wesen vertraut, die selbst singen und sich vorsingen lassen, wird der Vogel den Schnabel halten und seinen Starenhals Ihren gekräuselten Lippen entgegenstrecken. Möglicherweise wippt er mit seinem dunklen Kopf zu Ihrer Mozart-Melodie – dem munter hingetupften »Papageno, Papagena« vielleicht oder dem kristallinen Rondo für Glasharmonika. Obwohl ein eingesperrter Star tagsüber mindestens gesprächig und nachts geradezu geschwätzig ist, wird der kleine Vogel, sobald er sich in Ihre Mozart-Pfeiferei einklinkt, sein ganzes lautloses Selbst Ihnen und Ihrer Musik zuwenden und höchstens zwinkern. Sie werden merken, wie er im Takt Ihres tönenden Körpers mitwippt, als wolle er sagen: *Ja, ja, ich hab's.*

Doch ein Star ist kein Papagei. Erwarten Sie nicht, sofort ein »kommt mit seinen Gaben« zu hören, sobald Sie »Morgen kommt der Weihnachtsmann« gepfiffen haben. Einen Tag oder eine Woche lang müssen Sie die Tonfolge wieder und wieder pfeifen, um sie fest in der Welt zu verankern, in der der Vogel auf seiner Stange hockt. Und wenn er schließlich Ihren Mozart wieder ausspuckt, wird es nach guter Starenart vollkommen verrückt und irrsinnig komisch sein: ein mit gutturalem Trällern durchlöchertes Thema der Haffner-Sinfonie oder das berühmte Adagio aus dem Klarinettenkonzert, in das sich eine gespenstische Nachahmung Ihrer Spülmaschine mischt. Die Arie der »Königin der Nacht«, in Bee-Gees-Manier gequiekst.

Ein paar Tage später schallt Ihnen Ihr Mozart aus dem Vogelkäfig als kaum wiedererkennbare Folge gemauster Töne entgegen, die dermaßen arrhythmisch gesungen werden, dass es schon wieder ins Ohr geht. Zu hören bekommen Sie Mozart, Ihre eigene Stimme, das weiße Rauschen Ihres Hauses plus plötzliche Eingebungen des Stareninstinkts:

MOR-GEN–*bisiiit!*–KOMMT–»*Hallo! Wie geht's?*«–[*Türglocke*]–DER–*tschakatschakatschaka*–WEIH-NACHTS–*buiiit!buiiit!parrrup!*–WEIH-NACHTS–[*fiepender Rauchmelder*]–WEIH–»*Hallo! Wie geht's?*«–NACHTS, KOMMT DER WEIH-NACHTS–[*Bee-Gees-Quieksen*]––MAAAAAAANN!

Und als sei man auf dem Konzert einer Electronica-Band gelandet, wird das Ganze dann wie besessen wiederholt.

Wir wissen nicht, weshalb Stare dieses Verhalten an den Tag legen, doch wir vermuten, dass sie darauf programmiert sind, anderen vorzusingen. Und im Leben eines Stares gibt es immer Publikum: der monogame Partner, die Nestfamilie, der Schwarm auf dem Feld, die Vögel, die von angrenzenden Feldern zurückkehren, um gemeinsam die Nacht zu verbringen. Sie alle sind musikalisch. Das Männchen singt seinem Weibchen einen langen Balzgesang vor, während sie nach Nahrung pickt. Eine junge Starin beschwatzt enge Verwandte wie irre, um ein Gespür dafür zu bekommen, wo die sichere Welt anfängt und endet. Ein verhutzelter Alter findet seinen Platz im Schwarm, indem er lange Passagen aus wild zusammengewürfeltem Lärm vorträgt, mit denen er seine reiche Erfahrung unter Beweis stellt.

Diese kollektive Musikalität mag erklären, weshalb wir beim Anblick eines trillernden Haufens aus Zehntausenden von Staren – von denen jeder seine sieben nächsten Nachbarn beobachtet und geringste Veränderungen im Tempo oder Winkel wahrnimmt, während sie gemeinsam mit Gekreisch, Schnabelschlägen und schrillem Pfeifen Habichte in die Flucht schlagen – nicht etwa von einem Schwarm oder einer Schar sprechen, sondern von einem einzigen großen Gemurmel: einer »Murmuration«.

Welches Gemurmel nahm wohl an jenem Frühlingstag in Wien seinen Lauf, als ein achtundzwanzigjähriger Mozart, sehr fesch in seinem granatroten Mantel und dem goldgesäumten Hut, in einen Laden spazierte, um einem Star im Käfig etwas vorzupfeifen? Der Vogel muss auf Mozarts Mund gestarrt haben, als der Mann die ersten siebzehn Noten vom 3. Satz seines jüngsten Klavierkonzerts pfiff:

Mozarts Melodie umspielt in G-Dur eine schlichte Tonfolge, die aus so manchem Volkslied bekannt war – der Star kann also schon den ganzen Monat über ähnliche Melodien von anderen Kunden gehört haben. Oder vielleicht war Mozart selbst schon ein paarmal im Laden gewesen und hatte seine Sequenz so oft gepfiffen, dass der Vogel sie aufschnappen konnte. Wie auch immer der Star an das Lied gekommen sein mag, am 27. Mai 1784 spie er dem Komponisten dessen Komposition entgegen – allerdings nicht, ohne sich ein paar Freiheiten herauszunehmen.

Der kleine Singvogel trällerte die Viertel nicht gebunden und fügte am Ende des ersten Takts eine dramatische Fermate ein; wir können nur vermuten, wie lange er das trillernde g gehalten hat. Im nächsten Takt verlängerte er Mozarts Stakkati und ersetzte die dezenten Verzierungen durch jeweils zwei kräftige Viertel. Und der Star war so keck, die beiden g im zweiten Takt einen Halbton hinaufzusetzen, während jeder Wiener Komponist, der auch nur seine Perücke wert war, sie passend zur Tonart belassen hätte. Diese beiden vom Vogel ersonnenen gis verwandeln das robuste Volkslied in ein harmonisch komplexeres Gebilde, indem sie das ausgehaltene g aus dem vorherigen Takt ignorieren und stattdessen der nächsten Note der Phrase – einem a – entgegendrängen und damit einen E-Dur-Akkord streifen.

Offenbar gefielen Mozart diese Korrekturen, denn er kaufte den Vogel vom Fleck weg. Obendrein zeichnete er ein paar Notenlinien in sein Haushaltsbuch und hielt die Justierungen des Stares unter den Ausgaben fest: »Vogel Stahrl, 34 Kreuzer«:

Und unter dem letzten Takt ein vom Maestro hingeworfener Beifall: »Das war schön!«

In Mozarts Haushaltsbuch findet sich kein weiterer Kauf eines lebenden Tieres und auch keine weitere handschriftliche Melodie; kein anderes Geschäft wurde als »schön!« gepriesen. Überhaupt wissen wir abgesehen von dem Vogel sehr wenig über Mozarts Einkaufsgewohnheiten. Erst in jenem Jahr hatte er angefangen, seine Ausgaben aufzuschreiben, und schon im Spätsommer gab er es wieder auf und häufte im Notizbuch lieber englische Redewendungen an. Unter den erhaltenen Schnipseln seines Lebens sticht diese Einkaufsnotiz somit heraus.

Außerdem kaufte er den Vogel zu einem für die klassische Periode überaus wichtigen Zeitpunkt. Am Ende des 18. Jahrhunderts funkelten die Melodien wie nie, ihre Komponisten waren von der Rhetorik der Sonatenform geradezu besessen: zunächst ein Thema etablieren, dann mit einem zweiten Thema in einer anderen Tonart Spannung erzeugen, das Ganze zu einer schwindelerregenden Suche nach Auflösung ausdehnen, um die Erfüllung schließlich in einer ausgelassenen Coda zu finden. Das formale Verständnis dieser vierteiligen Struktur durchdrang klassische Symphonien, Sonaten und Konzerte. 1784 hatte sich die Sonatenform so sehr in die Hörgewohnheiten eingeschrieben, dass sie einem Instinkt gleichkam; das Wiener Publikum konnte es sich in den vertrauten – und daher angenehmen – klassischen Abläufen gemütlich machen. Und niemand spielte dieses berechnende Spiel übermütiger als Mozart.

Von all dem, was Johann Chrysostom Wolfgang Amadeus Mozart den Menschenklängen hinzugefügt hat, ist sein Sinn für Überraschung vielleicht das Wichtigste. Zwar halten sich seine Kompositionen beinahe immer an die Regeln, aber sie sind gleichzeitig voller Tricksereien – vom Grundton herabtropfende Leittöne, Vorzeichen, die den lauschenden Geist aus seiner dumpfen Zerstreuung aufschrecken, Menuette, zu denen sich wegen der vielen Synkopen nicht tanzen lässt. Sein vielgeliebtes Klavierkonzert in d-Moll fängt nicht mit einer handfesten Melodie an, sondern mit einer Anti-Melodie aus Wiederholungen der gleichen Töne, die im Orchester herumspringen. Stücke aus seinen frühen Opern verblüfften das Publikum mit ihren falschen Schlüssen. Er schwelgte in Tonarten wie a-Moll, mit ihrem aufwühlenden und unbeständigen Charakter.

Mit diesen Capricen, auch wenn sie sich im abgesteckten Gelände üblicher Kompositionspraxis bewegten, wurde er zum Star. Wie sagt man doch? Bach gab uns das Wort Gottes, Beethoven gab uns Gottes Feuer, aber Mozart gab der Welt Gottes Lachen. Er spürte im Lied die Missgeschicke auf, die die Musik daran erinnerten, das Spielerische zu feiern, das *plopp!*, mit dem das Teufelchen nach viel bedächtigem Gekurbel urplötzlich aus der Schachtel springt.

Das verspielte Staren-gis dürfte dem Maestro daher mehr als nur »schön« in den Ohren geklungen haben, und ganz sicher war es ihm mehr wert als 34 lausige Kreuzer. Man stelle sich vor – er pfiff einem Federvieh eine Melodie vor, die knietief in Wiens goldener Algebra steckte, und das Tier wippte mit seinem Köpfchen und pfiff ein anderes, herrliches Mozart-Gezwinker zurück. Das war nicht einfach nur »schön!«; es war ein Spiel, das ein anderes Spiel erkannt hatte! Ein kostbarer Moment lässt sich kaum ausmalen: einer der größten Denker der Geschichte in Einklang mit einem Vogelhirn.

Über das Gehirn eines Stares wissen wir im Grunde sehr wenig. Gut 225 Jahre nach Mozarts Tod ist unsere Wissenschaft immer noch dabei, Körper und Verhalten der Spezies in all ihrer Komplexität zu begreifen. Erst jüngst wurde eine bestimmte musikalische Form entdeckt, die sich in einem der Starengesänge verbirgt. Zwar klingt kein Star wie sein Nachbar, weil die Struktur genügend Varianten erlaubt, doch unterteilen alle balzenden Männchen ihre Liebeslieder in eine vierteilige Sequenz aus Pfeifen, Trillern, Klicken und Krächzen.

Jeder Vogel fängt mit einem Satz Pfiffe an – eine Art gellende Einleitung. Als Nächstes, wenn sich die Federn an seiner Kehle vor Erregung aufbauschen, webt er wie irre eine Sequenz aus Musikschnipseln – zwischen zehn und fünfunddreißig – in absteigender Tonhöhe. Einige dieser Schnipsel hat er von benachbarten Arten gemaust (oder von Rasenmähern oder Mobiltelefonen). Hier, in diesem zweiten Satz, treffen das »Morgen kommt der« und das *tschakatschaka*, der Rauchmelder und die Bee Gees aufeinander. Nahtlos donnert er dann in den dritten Abschnitt hinüber, ein hämmerndes Solo aus lauter Klicklauten. Synkopiertes und notenloses Geklapper schießt *presto* zu seinem Schnabel hinaus, bis zu fünfzehn Klicks pro Sekunde. Und dann endet er mit einem *fortissimo*-Finale aus markerschütternden Schreien – laut genug, um die ganze Nachbarschaft zu wecken.

Der Durchgang durch alle vier Sätze kann bis zu einer Minute dauern, dann ist der Star einen Moment lang still. Einige Vögel verneigen sich sogar, wenn sie fertig sind.

Beinahe jedes balzende Männchen in freier Wildbahn befolgt dieses Muster. Bei genauem Hinhören sind die vier Sätze auch für menschliche Ohren zu erkennen. Da ein Vogel viele verschiedene Geräusche in seiner Lied-Datenbank speichern kann, sind die Permutationen der Starenform schier endlos. Und anders als beim Werk von Mozart & Co. gibt es kein erkennbares Maß, keine Mathematik, keine Tonart, die dem Star seine Wechsel von einem Satz zum nächsten, vom Pfeifen zum Trillern oder vom Klicken zum Krächzen, vorschreiben würde. In jedem Abschnitt kann der Vogel machen, was er will, solange er will. Dem umworbenen Weibchen ist es ein doppeltes Vergnügen: Sie kann sich auf die wohlvertraute Liedstruktur verlassen, sie kann aber auch auf die Kür-Elemente in den Sätzen achten – um so Aufschluss über das unvergleichliche Hirn ihres Liebsten zu erlangen.

Aufgrund der vielen aufgeschnappten Laute ist der Gesang des Stares weniger melodiös als vielmehr ausschweifend. Die Welt ergießt sich in seine Musik; das Wirkliche trifft auf das Obsessive, das Fröhliche poltert in das Aufgeblähte. Die Kompositionen dieser Spezies sind heiter und hässlich und dissonant und göttlich. Und mag es auch weniger vorhersagbar sein als der Gesang des Ziegenmelkers oder der Lerche, so ist das Lied des Stares doch keinesfalls weniger beherzt.

Obwohl wir so viel über die Kompositionen des Stares wissen, stellt der eigentliche geistige Prozess, der das jeweilige Lied in all seinen Variationen hervorbringt, bis heute ein Rätsel dar. Nach einer jahrtausendelangen Suche können wir immer noch nicht sagen, wo im Gehirn der Starengesang seinen Ursprung hat. Möglicherweise ist der gesamte Prozess das Ergebnis mentaler Funktionen, über die Menschen schlicht nicht verfügen. Jedenfalls die meisten von uns.

Mozarts Gehirn ist ebenso unergründlich wie das eines Stares. Eine Autopsie hat nie stattgefunden, und seine genetische Linie endete mit seinen zwei überlebenden Kindern. 1801 behauptete ein Totengräber, er habe Mozarts Schädel exhumiert, doch niemand war imstande, es zu beweisen. Wir haben zweihundert Jahre lang ganz einfach Vermutungen darüber angestellt, was in Mozarts Kopf vorgegangen sein mag, und solange wir seine über sechshundert Kompositionen immer wieder spielen, steht uns zumindest ein halber Geist zur Verfügung, um dahinterzukommen. Die Präsenz seiner Musik in unserem Leben, von »Morgen kommt der Weihnachtsmann« (das seinen deutschen Text erst einige Jahrzehnte nach Mozarts Tod erhalten hat) bis zum Requiem, wird uns für alle Zeit weiter-rätseln lassen.

Die alten Vorstellungen von Mozart als dem ewigen Kind oder als blo-ßer Empfänger göttlicher Weisungen haben sich in den letzten Jahren in Wohlgefallen aufgelöst, dank Computerstudien seiner handschriftlichen Notenblätter, die auf den Seiten zahlreiche Korrekturen in verschiedenfar-biger Tinte zeigen. Heute wissen wir, dass Mozart seine gesamte Karriere über Dinge ausprobierte und übte. Er hat die Musik nicht einfach ausge-spuckt; musikalische Ideen brütete er jahrzehntelang in seinem Kopf aus.

Doch auch wenn wir seine Anstrengungen inzwischen besser nachvoll-ziehen können, ist die flatterhafte Respektlosigkeit – auf den Notenlinien und darüber hinaus –, die er an den Tag legte, augenfällig. Schon manch einer hat sich gefragt, wie ein Gehirn, das so auf Perfektion geeicht war, so süchtig nach Vandalismus sein konnte. Mozart liebte es zu schwatzen, zu spielen und zu schockieren. Wer könnte sich etwa Bach oder Beethoven vorstellen, wie sie, wie Mozart es getan hat, bei einer Vorstellung aus ihren Sitzen aufspringen und Purzelbäume schlagen, während der Solist eine langweilige Improvisation eines Themas aus *Die Hochzeit des Figaro* zum Besten gibt? Und nicht nur die lahme Darbietung stören, sondern noch dazu eine eigene, andere Melodie darüber *miauen*?

Auch in diversen Spaßmelodien, die er oft gleichzeitig mit seinen Meis-terwerken komponierte, ist eine vulgäre Ader zu erkennen. Es gibt sogar ein echtes Miau-Duett. Und im selben Jahr, in dem er die leuchtende Fan-tasie und Fuge C-Dur schuf, schrieb Mozart einen feierlichen Kanon für sechs Stimmen, die »Leck mich im Arsch« singen. Ein anderer Kanon aus derselben Zeit beginnt mit den Worten »Gute Nacht« in mehreren Spra-chen, dann kommt ein gesungenes »pfui! pfui!« und ein zotiger Vers darü-ber, ins Bett zu scheißen.

Abseits der Klaviatur hatte es Mozart in seinen Wortspielen ebenso faustdick hinter den Ohren, wie am polyglotten Geplapper seiner Briefe ersichtlich wird, etwa diesem hier an seine Cousine:

dreck! — dreck! – o dreck! – o süsses wort! – dreck! – schmeck! –
auch schön! – dreck, schmeck! – dreck, leck – o *charmante*! – dreck,
leck! – das freüet mich! – dreck, schmeck und leck! – schmeck dreck,
und leck dreck!

Manche glauben, das geheimnisvolle Gehirn des Maestros sei vom Tou-
rette-Syndrom geplagt gewesen oder zumindest von einer Aufmerksam-
keitsstörung. Sein eigener Schwager fragte sich, ob Mozart »seine innere
Anspannung unter äußerer Frivolität« verberge, indem er »die göttlichen
Ideen seiner Musik mit den Einfällen platter Alltäglichkeit in scharfen
Kontrast« bringe. Doch damit wird – vielleicht etwas zu voreilig – ausgeschlossen, dass das Vulgäre an Mozarts göttlichen Einfällen Anteil gehabt haben könnte.

Obwohl wir heute wissen, dass Mozarts Gehirn nicht Gottes Faxgerät
war, beschreiben es manche immer noch als eine Art Schrein für ausschließlich makellose Klänge. Doch weshalb sollten ihm nicht beide Seiten gleichermaßen wichtig gewesen sein: das Vulgäre und das Strenge, die
richtigen Noten und die falschen und sogar jene, die einen halben Ton zu
hoch gepfiffen werden? Ein vom perfekten Ton besessener Mensch muss
Abweichungen doch zumindest beiläufig kennen. Was, wenn Mozart mit
falschen Noten und flapsigen Texten, mit Fremdsprachen und Nonsens
herumgespielt hat, um alles an Ausdrucksformen zu sammeln, was er finden konnte, so wie *Sturnus vulgaris* alle möglichen Geräusche sammelt,
um zu singen?

Viel früher in seinem Leben, als er noch ein Wunderkind war, das dem
Adel mit verbundenen Augen vorspielte, war Mozarts bester Trick ein Im-
provisationsspiel, das sich vielleicht als eine Art *Rap Battle* des 18. Jahrhunderts umschreiben lässt. Ein Hofkomponist oder irgendein Mitglied
der Cognoscenti spielte auf der Tastatur eine einfache Basslinie, über die
Mozart eine Melodie improvisierte – manchmal sogar mit Harmonien

oder Kontrapunkt. Dann antwortete sein viel älterer Gegenspieler mit einer anderen Melodie, die Mozart umarbeitete, und so weiter, hin und her, bis der Herausforderer schließlich das Handtuch warf. Der Winzling Mozart tat es nie, und sein kaiserliches Publikum ergötzte sich an diesen Live-Neubearbeitungen ihrer musikalischen Regeln. So wuchs Mozart auf – er jagte Melodien, die an ihm vorbeiflogen, und probierte ständig aus, wie sich einzelne Noten umdrehen und zu etwas Neuem machen ließen. Da seine Erfindungsgabe die ganze Familie Mozart mit Arbeit versorgte, könnte man Wolfgangs aufgestellte musikalische Rezeptoren geradezu als überlebenswichtig bezeichnen.

Dank einer Verschaltung auf höherer Ebene, die erst vor kurzem erkannt wurde, sind auch Stare besonders sensibel, was Signale von außerhalb angeht. Einige Wissenschaftler vermuten, dass Stare in »kritischem« Zustand fliegen, das heißt, dass all ihre Empfangssensoren – bis hinunter zu den Zellen, vielleicht sogar den Proteinen – auf gleichzeitige und drastische Veränderungen innerhalb der Gruppe ausgerichtet sind. Diese Art der Verbindung, die sich in einem Starenschwarm beobachten lässt – sich mitten im Flug einrollen, abtauchen, taumeln –, sprengt die Grenzen der Biologie und hat mehr mit Physik zu tun. Ein fliegender Star ist kritisch wie eine Lawine, wie die Zündung von Atomen in einem Magneten, weil jeder Vogelkörper auch die Informationen der Nachbarkörper – sowie sämtliche *mögliche* Informationen dieser Körper – in sich trägt. Dann wiederum ist das alles blanke Theorie. Das Tun der Stare übersteigt ganz einfach unser Verständnis, und unsere Beweislage ist ziemlich lückenhaft. Obwohl wir seit Tausenden von Jahren mit Staren leben, haben wir immer noch keine Sprache gefunden, in der wir über bestimmte Aspekte ihres Lebens auch nur reden könnten.

Vielleicht hatte Mozart seinen Starenkäfig in das Zimmer mit dem Billardtisch gestellt, wo er oft komponierte. Oder in die Schlafkammer, wo er mit Federkiel und Notizbuch lange wach blieb (Mensch und Vogel sangen bei-

de gern, während der Rest des Hauses schlief). Wie auch immer die Wohn-
verhältnisse aussahen, die drei Jahre, die der Vogel bei Mozart verbrachte,
gehören zu den bewegtesten in der Karriere des Komponisten. Ständig
wurde das Fortepiano des Maestros aus dem Musikzimmer hinaus in die
Mehlgrube geschafft, wo ein Auftragskonzert nach dem anderen anstand.
Leopold Mozart beklagte sich in einem Brief, dass das Haus seines Sohnes
voll mit aufwieglerischem Volk sei: Studenten, probende Musiker. Es gab
alberne Jam-Sessions mitten in der Nacht. Unablässig sorgten sie für oh-
renbetäubenden Lärm. Es heißt, Mozart hasste es, allein zu sein, selbst bei
der Arbeit. Und in jenen drei Jahren war er ständig bei der Arbeit.

In der teuren Wohnung in der Domgasse kamen in dieser Zeit über
sechzig Kompositionen zustande. Das Klavierkonzert, wie wir es heute
kennen, wurde in jenen Räumen entwickelt. Die Haydn-Quartette feier-
ten dort ihre Premiere. Die »Jupiter«-Symphonie wurde begonnen und
Figaro vollendet. Und mit diesen einflussreichen Werken entstanden einige der sangbarsten Lieder des Repertoires: der schwebend leichte Beginn
des Klavierkonzerts Nr. 21 und die vornehmen Pausen in der Romanze
der Serenade Nr. 13 für Streicher. Melodien, die seit zwei Jahrhunderten
von Menschen gepfiffen werden, sind vielleicht zuerst zwischen einem
Genie und seinem Vogel Stahrl hin und her gegangen.

Und Sie können Ihren »Arsch« darauf verwetten, dass, so er sich in
Hörweite befand, Mozarts Star diese unsterblichen Melodien verschrottet
hat. Während Mozart sie auf Hochglanz polierte, stellte der Vogel sie auf
den Kopf, trillerte sie in halbem oder doppeltem Tempo und flötete mittendrin ganze fünf Sekunden lang irgendeine belanglose Note. Man kann
sich gut vorstellen, wie sehr Mozart diese Art der Zusammenarbeit wert-
geschätzt haben dürfte, bedenkt man, wie oft er sich in jener Periode
Hilfe bei diversen »Singvögeln« geholt hat. Der Star war einer von mehreren Musikern, die Mozarts Hirn mit Ideen vollgepumpt haben – unter
ihnen Haydn, Wiens Top-Geiger oder seine Schwägerin, eine Sopranistin
mit atemberaubendem Stimmumfang. Unter all den Diven, Komponis-

ten und Virtuosen war der Vogel in seinem Käfig der Klassikschublade am fernsten und wartete nur darauf, jeden einzelnen Ton zu fressen, der ihm angeboten wurde, und verfremdete Starenstückchen *con gusto* wieder auszuspucken.

Man stelle sich eine frühmorgendliche Kompositions-Sitzung vor, der Vogelkäfig in der Nähe des zweigestrichenen g, also rechts von der Mitte der Tastatur. Mozart fliegt zur Tür herein, frisch aus der Ankleide, der Friseur, dicht auf seinen Fersen, hält noch die Zopfspitze der Maestroperücke in der Hand, wie das Herrchen die Leine eines spastischen Hundes.

Der Vogel zuckt zusammen, als Mozart die Klavierbank zur Seite tritt und sich über die Tasten stellt. Er muss dieses Thema herauskitzeln, das schon seit Tagen in seinem Kopf irrlichtert. Er findet den Grundton, ein spritziges g, und tanzt zwischen ihm und der Quarte darunter. Dann kehrt er den Lauf der Melodie um und tänzelt sie aufwärts, federt hinauf bis zur Dominante, in einem Arpeggio, das die nächste Oktave mit einem Ausrufezeichen à la Mannheimer Rakete abklatscht:

BAM! bum BAM! bum bam-bum-ba-ba BAAH!

Mozart kommt mit seiner Feder kaum hinterher; er schreibt mit einer Hand und spielt die Melodie auf den Tasten mit der anderen. Während die Noten der Exposition nur so auf das Blatt sausen – und fröhlich mitschlenkern, wie die Form es vorsah –, kommt aus dem Käfig ein Notengeknatter wie das einer alten Schrottkarre, das der erhabenen Tastenfolge entgegnet: BAM–*buiiit!* bum BAM–*tschakatschaka!* Bum bam-bum-bisiit?–*brrrrp?*–LECK MICH IM ARSCH–BOOAH!!

Mozart wendet sich dem Vogel zu, der zur Käfigfront hüpft und ihn anstarrt. Stare sind empfänglicher für menschlichen Augenkontakt als die meisten Haussäugetiere; sie merken es, wenn sie beobachtet werden, und haben keine Scheu, den Blick zu erwidern. Das ist – neben einer hohen Empfänglichkeit für Berührungen – eine ihrer wichtigsten Eigenschaften, die tiefe Beziehungen zwischen Star und Mensch ermöglicht, denn auch wir mögen Augenkontakt. Aufgrund seiner Bindungsfähigkeit und seiner Loyalität hat ein Ornithologe den Star einmal »Hund für Arme« genannt. Und Klänge unterstützen diese Bindung, ja, ist nicht ein Duett die beste Art, sich nahezukommen?

Mozart öffnet den Käfig, der Vogel huscht auf seine Hand und hüpft ihm den Ärmel hinauf, wobei er unablässig dieselbe Entgleisung krächzt (bum-bam-bum–*bisiit?–brrrrp?*–LECK MICH IM ARSCH!). Der Mann seufzt, schreibt weiter, und der Vogel dreckt, schmeckt und leckt in einem fort.

Und jetzt, zwei Jahrhunderte später, vergeht kein Tag, an dem das Ergebnis nicht irgendwo auf dem Planeten erklingt: der erste Satz der Serenade Nr. 13 für Streicher, besser bekannt als *Eine kleine Nachtmusik*. Man beachte, wie die Melodie nach der Exposition hinterlistig kurz in d-Moll taucht, bevor es in einer neuen Haupttonart weitergeht. Es klingt, als habe ein kleiner Teufel der Melodie einen kurzen Takt lang etwas Schockierendes ins Ohr geflüstert.

Man beachte auch Mozarts schalkhaften *Musikalischen Spaß*, der beinahe parallel zur vollkommenen *Kleinen Nachtmusik* entstand, vermutlich auf derselben Klaviatur. Zwar ist dieses Divertimento eleganter und nicht so vulgär wie *Leck mich im Arsch*, doch ist es doppelt qualvoll, eine unbarmherzige, dreiundzwanzigminütige Parodie sämtlicher Fallen der klassischen Musik. Noten laufen die Tonleitern hinauf und hinunter wie Slapstick-Polizisten. Durchführungen floppen wie Pointen, die man schon meilenweit im Voraus erkennen kann. In jedem der kaum auszuhaltenden Sätze gibt es eine rasend komische Störung – eine rostige, grobe Irritation, die die stumpfsinnige Qual des *Witzes* explodieren lässt. Diese Störungen nehmen ihren Lauf wie das Geplapper eines Stares: Sie sind das »gis«, das der Vogel im Geschäft pfeifend entgegnete, erhoben zu virtuosem Unsinn.

Im Menuett wiederholen die Hörner wie jaulende Hunde ein Thema in falsch gesetzten Halbtönen. Im Adagio trillern die Violas ihre Tonleitern in doppeltem Tempo – pfeifende Teekessel, denen alles egal ist. Die im Starensinne gelungenste Irritation gibt es im letzten Satz, wenn dasselbe hüpfende Zwitschern wieder und wieder kommt und sich wie eine Mutprobe in Richtung Ewigkeit bewegt, bis der Zuhörer darum bettelt, dass es aufhören möge. Als Mozart das Ende findet (Gott sei Dank!), geschieht dies nicht, indem er sich auf der Tonika niederlässt, sondern indem er das gesamte Orchester gegen die Wand fährt und den Satz kreischend zum Halten bringt. Dies ist vermutlich das am wenigsten klassische Ende in der gesamten klassischen Periode. Im letzten Takt spielen die Instrumente drei Akkorde in drei verschiedenen Tonarten! Das Ergebnis klingt, als würden die Streicher ihre Geigen aus dem Fenster werfen:

Und genau dort, in dieser durchgemangelten senkrechten Linie aus falschen Noten, kann man ihn beinahe hören, den Star auf Mozarts Schulter, der mit dem Kopf nickt, vielleicht sogar scheißt und dabei krächzt: »Das war–*bisiit!*–LECK MICH–*tschakatschaka*–bum-ba-ba-BAAH!– schön!!!«

1787 wurde Mozarts Luxusbleibe ihm schließlich zu teuer, und die Familie zog in eine Wohnung in der Hauptstraße, wo sie nur ein Zehntel der Miete zahlte. Obwohl sie sich verkleinerten, nahm Mozart den Vogel mit. Das wissen wir, weil er eine so große Geschichte daraus machte, als der Vogel ein paar Monate später starb.

An jenem Tag Anfang Juni hieß das neue Zuhause der Mozarts ein Dutzend Trauernde in aufwendig-kostümhaften Kleidern willkommen – riesige Federbüschel und -fächer oder sogar schwarze Schnabelmasken. Die Gäste bekamen zunächst ein (von Mozart arrangiertes) Totenlied für Kammerensemble zu hören, und dann trug der Maestro eine kurze Elegie vor, die er für seinen Vogel Stahrl geschrieben hatte.

Im Gedicht stellt sich Mozart den »lieben Narr« vor, der – nicht wissend, dass er tot ist – auf Mozart hinabblickt und zärtlich pfeift. Jetzt, oben im Himmel, singt der Singvogel umsonst, wie es immer seine Art war. In der letzten Strophe hat der Vogel bereits so lange gesungen, dass er darüber seinen Herrn und Kollaborateur vergessen hat. Und auf Erden muss der Maestro jetzt ganz allein reimen (was ihm allerdings meisterlich gelinge, brüstet sich Mozart).

Wer weiß, weshalb Mozart diese durchgeknallte Beerdigung plante. Wir haben keinen Anhaltspunkt dafür, dass er jemals wieder auf diese Art getrauert hat. Der Ernst von Gedicht, Totenlied und Trauerfeier war vielleicht nur vorgetäuscht – Mozart ließ sich nur selten eine Gelegenheit für eine schräge Party und einen guten Witz entgehen. Andererseits könnte er es durchaus ernst gemeint haben, war er doch als Tierliebhaber bekannt.

Doch warum trauerte er öffentlich um ein Haustier, nicht aber um seinen eigenen Vater, der nur eine Woche zuvor in Salzburg gestorben war und keine Zeremonie bekam?

Das Starenbegräbnis ist, wie auch der Kauf des Tiers drei Jahre zuvor, einer der vielen Schnipsel aus Mozarts Leben, die uns noch heute verwirren. So gut wie jeder Mozart-Biograf erwähnt es zusammen mit einem ganzen Fragenschwarm, den er ins Leere pfeift: Warum einen Vogel kaufen? Warum ihn und nicht den Vater beerdigen? Warum ein roter Mantel? Warum die Wortspiele? Warum so viele Noten? Warum eine Serenade am einen, einen Arschwitz am nächsten Tag? Kann man überhaupt mit einem Tier eine Verbindung aufbauen allein durch die Geräusche, die es macht? Wir wissen es nicht, wir wissen es nicht, wir wissen es nicht.

Denn so vieles bleibt unbeantwortet, wenn ein Mensch vom Himmel fällt und *Don Giovanni* schreibt. Oder wenn die Flügel unzähliger winziger Tiere sich erheben und wie Donnerhall klingen, während sie die Sonne verdunkeln. Wenn fünfhundert Stare vollkommen lautlos aus dem Himmel in flache Teiche stürzen. Wenn ein Wunderkind einen Singvogel kauft, weil in seinem lärmenden Leben trotz allem irgendetwas fehlt.

Und noch mehr bleibt rätselhaft, wenn das Genie mit fünfunddreißig Jahren bettlägerig wird. Zwei Wochen später sind seine Hände und Füße geschwollen – wieder und wieder verliert er das Bewusstsein. Obwohl die Frauen um ihn herum schluchzen, kann er nicht aufhören, kleine Witze zu erzählen; er kann nicht aufhören zu singen. Ärzte lassen ihn zur Ader, sie drücken auf seinem Fleisch herum, sie können nur raten, was in seinem Innern vorgehen mag. Dann schickt er seinen Kanarienvogel aus dem Zimmer, und die Frauen um ihn herum weinen lauter. Denn als er seinen Vogel verbannt, wissen sie eines ganz genau: Er lässt los.

Zum Fenster hinaus, die Hauptstraße hinunter wird die berühmteste Oper des Genies gerade aufgeführt. Einmal sagt er zu seiner Frau, dass er die Sopranistin hören kann, wie sie die höchste Note ihrer Arie trifft. Im Finale dieser Oper betritt ein einsamer Vogelfänger die Bühne. Er ist über und über mit Federn bedeckt und bereit zu sterben. Er singt eine Folge kurzer Piepser – »Pa! Pa! Pa!« – und wendet sich gerade noch rechtzeitig herum, um seine Gefährtin aus den Kulissen laufen zu sehen. Als sie läuft, finden sich ihre Blicke und sie nickt mit ihrem kleinen Federkopf und singt – »Pa! Pa! Pa!« – ihm zu.

HARRIET

(Geochelone nigra porteri)
1835

Auch wenn er es rundheraus leugnete, wissen wir doch,
dass er zumindest eine Schildkröte eingesammelt hat.
  Paul Chambers

Ich wüsste nicht, weshalb sie nicht zweihundert werden sollte!
  Steve »Crocodile Hunter« Irwin

Wenn die *HMS Beagle* vor Anker geht – 1835 wird das sein –, verkriech dich so schnell wie möglich unter dem größten Farnwedel, den du finden kannst. Dutzende hungriger Seeleute gehen von Bord, den Speer in der Hand, und manch einer spießt schon nach wenigen Minuten seinen ersten Turpin auf. Andere folgen euren Landstraßen hinauf zu den höher gelegenen Punkten der Insel, wo die Berg-Turpine längere, salzigere Hälse haben. In ein paar Stunden werden sie Dutzende von euch in behelfsmäßigen Tragen aus Rudern und Segeltuch zurück zum Schiff schleppen. Drei Mann auf je einen schweren Panzer.

Die Erde bebt. Ein Hüne trampelt vorüber, auf dem Rücken einen Turpin von hundert Kilo, dessen Arme und Beine er zu Schulterriemen zusammengebunden hat, damit er den Panzer wie einen Rucksack tragen kann. Zieh den Kopf ein, meine Kleine. Sei still. Nicht fauchen. Hab keine Angst. Unter deinem tellergroßen Panzer steckt zu wenig Fleisch, als dass sich das anstrengende Aufbrechen lohnen würde.

Und dann, zu deiner Rechten, einige leichtere Schritte. Ein Paar saubere Hosen, ein Hüsteln: der »Naturkundige« des Schiffs. Bevor er dich sieht, kann er dich spüren. Er streicht den Strauch zur Seite und ruft den anderen zu, dass es vielleicht klug wäre, ein paar winzige, junge Schildkröten mitzunehmen, die monate- oder jahrelang auf dem Schiff herumlaufen und mit der Zeit zu mehreren Wochenmahlzeiten für die gesamte Besatzung heranwachsen. Ganz vorsichtig nimmt er dich in seine kleinen, weichen Hände und hebt dich hoch. »Schildkröte« nennt er dich, nicht »Turpin«. Schlag deine Zunge zweimal an und fauch mit geschlossenem Maul. *Hach, wie schick!*

Kurz darauf gibt er dir den Namen »Harry«, dabei kannst du sicher sein, dass ein Teil von ihm sehr wohl weiß, dass du von oben bis unten Frau bist. Wie sanft er dich berührt, wenn er dich herumdreht und seine Finger über deinen weichen, salzigen Bauch laufen lässt und jede Schindel und jedes Bein erforscht. Welch eine Freude, wenn er dich mit rosa Blüten füttert. In seiner Kabine zeichnet er dich im Laternenlicht – der Schatten und die Flamme verleihen deinem karierten Exoskelett einen rotgrünen Glanz. Er schmeichelt deinen Hals aus dem Panzer und kitzelt ihn, vermisst ihn, prägt ihn sich ein und murmelt »wundervoll«. Flüstere du etwas zurück, versuch's mal – *Charlie.*

Wie sich herausstellt, war es Lawson, der vornehme Gefängniswärter der Gefangenenkolonie auf den Galapagosinseln, der euch verkuppelt hat. An den Gerüchten ist was dran; der einsame Lawson hat in jedem Hafen eine Schildkröte – Mädchen, denen er deiner Meinung nach ein ungesundes Maß an Aufmerksamkeit zollt. Im Gegensatz zu Charlie hast du Lawson immer links liegenlassen. In seinem Notizbuch schreibt er: »Mr. Lawson behauptet, er könne, sobald er eine Schildkröte auch nur erblickt, ohne jeden Zweifel verkünden, von welcher Insel man sie geholt habe.«

Na klar kann er das, denkst du, während du dir unter Charlies hinreißendem Manuskript dein Porträt als Odaliske ansiehst, der Hals ebenso gebogen. Zum Glück hast du mit angehört, wie Lawson Charlie sagte, du seist eine gute Partie. So was finde man weder in Afrika noch auf den Westindischen Inseln und ganz sicher nicht in England. Wenn er jetzt dich und deinen einzigartigen Panzer betrachtet, regt sich eine Wildheit in ihm.

Während die Matrosen durch die anderen Schildkröten auf der *Beagle* pflügen – manchmal müssen an einem einzigen Tag drei ausgewachsene dran glauben –, bleibst du ganz ruhig. Mit einem Schnitt schlitzen sie ihnen den Hals auf und stürzen das Frischwasser hinunter, das literweise aus jeder Gurgel strömt, doch vergiss nicht, Charlie hat dir stillschweigend versprochen, dich von alldem fernzuhalten. Sicher, auch er schlürft gemeinsam mit der Crew die Blase deiner alten Nachbarin zum Abendessen und macht eine Bemerkung über ihren »nur sehr leicht bitteren« Geschmack, doch tut er das nur, um dich zu schützen, um keinen Argwohn aufkommen zu lassen. Du bist kein Abendessen; du bist anders.

Er wird immer kräftiger, denkst du. In der Kapitänskajüte zittern die Planken, wenn Charlie mit der Faust auf den Tisch haut. Kapitän Fitz-Roy dachte, er hätte für die Überquerung einen früheren Priester, jetzt Wissenschaftler, angeheuert, der beweisen würde, dass die Welt in sieben Tagen erschaffen wurde. Doch ein paar Nächte nur mit dir, und schon wurde Charlie zum Scharlatan. Die beiden kämpfen wie die Hunde, aber Charlie hält dich da raus. Stattdessen geht es um Finken:

»Die Inseln sind so alt wie die Genesis«, knurrt FitzRoy.

»Nein«, sagt Charlie. »Diese Inseln sind jung, und während die Finken sich vermehren, verändern sie ihre Schnäbel, um ihnen zu dienen.«

»Einer Insel dienen und nicht unserem Gott?« Und schon fliegt der Turpin-Eintopf durch den Raum.

Wenn wir uns einer sich immerfort verändernden Insel anpassen können, wer sagt denn, dass wir uns nicht auch aus Liebe anpassen können?, denkst du. Anpassung ist schließlich auch nur harte Arbeit: befeuert von der Chemie, aber nur dann erfolgreich, wenn ein Vertreter des anderen Geschlechts darauf anspringt. Das, was einen heraushebt, was eine Spezies begründet, was auf dieser Welt entscheidende Veränderungen hervorbringt – immer ist es etwas, das aus Liebe erwachsen ist: ein Horn, ein Hals, eine Killerklaue.

Denn wir wurden nicht dazu geboren, uns zu paaren, dahinzuwelken und zu sterben. Wir wurden nicht dazu geboren, jenes Bild zu duplizieren, das Gott vor so langer Zeit zusammengezimmert hat, bevor die Erde sich beruhigte oder die Sterne Schiffe durch die nasse Dunkelheit zogen. Wir wurden dazu geboren, uns zu bewegen – hüpfend oder kriechend. Immer wieder neu mit den Riffs zu spielen, die Codes umzuschreiben. Gott zu überraschen, wenn wir aus freien Stücken mit den beweglichen Felsen und den dehnbaren Meeren mithalten.

Hör mir mal zu, Charlie. Seine Pupillen richten sich auf dich und werden tiefer. *Das alles hier weißt du bereits.* Gemeinsam könnt ihr die Stellen im Körper, im Herzen und im Blut kartieren, wo Gott falschlag.

Zwei Endpunkte finden wieder zusammen, kehren die Vektoren um, subtrahieren Panzer und Schnauzen und Daumen, bis zum Bild aus dem Archiv: der gleiche Embryo, der sich im Nest einer Frau, eines Salamanders, eines Lachses dreht.

Als du ein Jahr später schließlich in England eintriffst, stehen nicht gerade Federbett und Schlammbäder bis zum Abwinken auf dem Programm. Schachteln voller Leichen – Vögel, Pflanzen, Käfer, alte Steine –, die er nach Gruppen sortiert, um sie zur Untersuchung verschicken zu lassen, wandern durch sein Arbeitszimmer. *Hmmm,* denkst du und kaust wilde Wasserkresse. *Keine Schildkröten.* Du warst die einzige, die er behalten wollte, die Überreste der anderen gingen mit den Essensabfällen über Bord.

Doch in jenem Herbst findest du dich mit drei gleichaltrigen Mädchen frierend auf einem Hackblock im zugigsten Raum des British Museum wieder. Überraschung: Ihr alle wart auf der *Beagle,* vier Geheimnisse, gut verborgen in den Kabinen der Herren. Selbst der fromme Kapitän FitzRoy hielt sich klammheimlich eine Galapagos: Dick, von der Insel Española, die schönste der Truppe. Auf dem Tisch zieht sie den Kopf ein und weint in ihrem Panzer schniefend mit gedämpfter Stimme.

Ab Oktober war ich draußen im Garten. Wir haben angelegt, und eine Woche später hat er geheiratet. Geheiratet!

Wenigstens hat er noch keine Kinder, sagt Tom, das große Mädchen aus

San Salvador, die einem dreifachen Vater ins Albany gefolgt war. *Seine Gö-
ren reiten auf mir, als wäre ich ein Pony.*

John Gray, der Kustos der Zoologischen Abteilung des Museums, wiegt
und wendet euch einzeln in seinen öligen Händen, um euch schließlich
für zu jung für eine wissenschaftliche Beurteilung zu erklären. Erst wenn
ihr ausgewachsen wärt, nähmen eure Panzer ihre individuelle Form an.
»Tut mir leid, Charlie, vielleicht in dreißig, vierzig Jahren«, sagt er. »Diese
Finkenproben hier dagegen – ja. Ganz andere Sache.« Charlie dreht sich
um und wendet sich der Vogelschachtel auf dem gegenüberliegenden La-
bortisch zu.

Oh Gott, Charlie, warte auf mich, bettelst du. *Ich wachse schneller. Ich
bekomme das irgendwie hin, ganz bestimmt.* In einer Hutschachtel schickt
er dich nach Hause in die Great Marlborough Street.

Es folgen die Herzprobleme – deine und seine –, bis sein süßes Notizbuch die Temperatur ändert. Gekritzelte Schnäbel und Federn am Rand
und oben auf einer Seite:

»Heiraten« auf der linken Seite: »Nicht heiraten« auf der rechten:
»ständige Gefährtin«   »weniger Geld für Bücher«
»Freundin im Alter   »grässlicher Zeitverlust«
(allemal besser als ein Hund)«

Er bringt dich bei seinem zugedröhnten Bruder unter, heiratet seine nervöse, fromme Cousine und verbringt seine Tage entweder mit ihr oder den
Finken. Er fährt sie im Wagen und mit einem nagelneuen Hut zur Londoner Zoologischen Gesellschaft, dich aber versteckt er in seinem schäbigen
»B-Notizbuch« – hitzige Kritzeleien, mit denen er in der Öffentlichkeit
nicht gesehen werden will. Statt von »Heirat« oder »Gefährtin« schreibt er
dir von »Exemplar«, »Transmutation«, »Abstammungslehre«.

Verzweifelt durchwühlst du seine Briefe. »Mein lieber Günther«,
schreibt er einem Reptologen, »ich fürchte, ich habe *keine* Schildkröten

von den Galapagosinseln mitgebracht.« Da schwankst und schlingerst du durch den Garten.

Schon bald zwingt sein Frauchen ihn, dich und die anderen Geliebten an das Royal United Services Museum in Whitehall zu verbannen, wo die Londoner Sturmwinde dich in einen Zustand permanenter Winterstarre versetzen. Tom stirbt. Dick setzt sich in wärmere Gefilde ab. Irgendjemand wird bestimmt merken, wie krank du bist, und dich verdammt nochmal da rausholen – weg von hier, von ihm, von diesem Notizbuch, das ihn so verändert hat. Worauf wartest du, meine Kleine? Spute dich zurück zum Schiff und fleh' sie an, dich nach Hause zu bringen.

Wickham, der neue Kapitän der *Beagle*, bringt dich stattdessen nach Australien. Du kennst ihn von der Reise mit Charlie, als er noch Oberleutnant war und zehn Turpine die Stunde gemeuchelt hat, nur um an ihr Lampenöl zu kommen. Wickham gefällt deine Form und er nimmt dich bei sich auf.

Die Kapitänskajüte ist sehr viel größer als die des Naturkundigen – eine Lady sollte sich gesellschaftlich immer weiterentwickeln –, Wickham aber ist unordentlich. Umgekippte Tintenfässer, abgenagte Truthahnknochen, gelöste Hemdbrüste. Du gehst deiner eigenen Silhouette aus dem Weg, die im Licht seiner Lampen hager und klobig zugleich aussieht. Nur die Ruhe, Süße. Reiß dich zusammen. Leg ein paar Hundert Pfund zu.

Bis zu den Antipoden wirst du Wickhams raue Hand ertragen. Er hüpft die Küste entlang, zeichnet tagsüber Karten und schnarcht die ganze Nacht. Er hat dich satt, sagt er und legt seine Manschettenknöpfe in einen polierten Schildkrötenpanzer. »Fauch mich ja nicht an, Dickerchen«, sagt er. »Außer mir hast du niemanden.« Am nächsten Tag benennt er einen neuen Meeresarm »Port Darwin«, bloß um dich zu ärgern.

An Bord kräuseln die Männer beim Singen die Lippen, während sie ihre Leinen in die Luft werfen. Fäuste ziehen, Daumen kreisen und scheuern sich wund. Über dir schlagen Möwen wie Pterodaktylen mit ihren Flügeln. Grinsende Fische folgen dem Boot, plappern beim Auftauchen und atmen die Luft in tiefen Zügen.

Kaum habt ihr angelegt, kippt dich sein Diener auf dem Boden eines Irrenhauses in der Moreton Bay aus, kein *Danke sehr, Ma'am,* nichts. Wickham tänzelt auf und davon nach Sydney, heiratet *seinen* Schatz und wird ein gottesfürchtiger Polizist. Dieselben Möwen, die über dem Boot kreisten, siehst du noch einmal, bevor sie wieder aufs Meer hinausfliegen.

George, deine Zimmergenossin im Botanischen Garten von Brisbane, hat Verständnis.

Ich sage dir, ohne ihn bist du besser dran, keucht sie. *Diese Wissenschaftler sind alle gleich – emotional vollkommen unfähig, über ihre eigenen Bedürfnisse hinauszublicken. Ändert nichts, wenn sie heiraten: So richtig sind sie nur mit ihrer Arbeit verheiratet. Das hat meist damit zu tun, dass ihre Väter ihnen zu wenig Zuneigung entgegengebracht haben.* George war unheimlich verknallt in den Walfänger, der sie über den Pazifik gebracht hatte. Sie hat die Reise überstanden, nur um dann unter Drogen gesetzt und in einen Pub in Queensland gezerrt zu werden, wo der Mistkerl sie in den 1850ern für ein paar Kröten Rennen gegen geblendete Wallabys laufen ließ.

Verdammter Irrer, sagt sie und ihre Stimme klingt schlaff und leblos. Wenn George schläft, starrst du auf die Initialen, die der Walfänger ihr in den Panzer geritzt hat. Ein Jahr später ist sie tot.

Und tagein, tagaus reden alle über Charlie – die Besucher, die Botaniker, die Lehrlinge, die deinen Panzer mit Waschwasser tränken, wenn der Park geschlossen ist. Über sein Buch, seine beschissenen Finken, seine Revolution, seine zehn Kinder. Und irgendwann über seine letzten Worte. Nicht etwa »meine Liebe« oder auch nur »meine Notizbücher« oder – Gott steh mir bei – »meine Schildkröte«.

Er sagt: »Ich habe nicht die geringste Angst zu sterben.«

Eine Tomate wird in der Sonne schwerer und schwerer, bricht vom Zweig und rollt in das Nest eines Skorpions. Dem Skorpion wächst ein zweiter, orangeroter Stachel, mit dem er einen groben roten Kreis in den Staub kratzt.

Nachdem der Höhlensalamander sich seiner Augen entledigt hat, spürt er eine abgeworfene Möwenfeder auf seinem Schwanz. Den Rest seines Lebens fleht er, er möge sein Augenlicht zurückerlangen.

Auf dem Schiff las Charlie jeden Morgen vor dem Ankleiden in seiner Kabine. Die Nieten des Stuhls hinterließen karierte Muster auf seinem Rücken.

So, aus und vorbei, Süße. Vierzig Jahre noch bis zu deinem mittleren Alter, und schon war's das. Hättest du die entsprechenden Kanäle, würdest du eine Flut Schildkrötentränen vergießen. Doch du brauchst dich nachts gar nicht müde zu weinen, das macht die Natur schon für dich. Anfang 1893 schwellt der Brisbane River wochenlang an und tritt im Februar über die Ufer: drei Überschwemmungen in dreizehn Tagen. Lass dich im steigenden Wasser kreisen. Weiche entwurzelten Bäumen aus und bleib in der Nähe von Dick, dem alten Mädchen von der *Beagle*, außer dir der einzigen Schildkröte in deinem Garten. Sie ist so weitgereist wie du, ist aber cleverer. Minen explodieren. Brücken stürzen ein. *Wenn das so weitergeht, kommen sie wieder auf die Idee, uns zu verspeisen*, sagt sie.

Ihr treibt zum Dach eines Stalls und seht von dort oben zu, wie die Stadt im Regen versinkt. Ist Brisbane heute nicht so dunkel, so dicht, so nass wie die Inseln, die euch erschaffen haben? Und stell dir vor: Morgen ist Valentinstag.

In der Nacht weckt dich Dick mit einem Klaps. *Es geht los!*, sagt sie und zeigt mit einem Nicken auf die Kaimauer. Drei Kanonenboote, die *Paluma*, die *Elamang* und die *Mary Evans*, drehen sich in der gewaltigen Strömung an ihren Ankerketten, wie Spielzeugschlepper, die einem Abfluss zu entkommen versuchen.

Eines der Schiffe reißt sich los und treibt seitwärts auf den Botanischen Garten zu und verdeckt dabei den Mond. Die *Mary Evans*. An ihren Rumpf haben sie eine Frau mit Kuhbrüsten und einem Fischschwanz gebunden. Schwimm ihr eine Weile entgegen, kämpf gegen die Strömung an, achte auf Trümmer, drück nach außen und nach oben, überleb, überleb, überleb. Andererseits: warum eigentlich? Ein anderes Schiff, eine andere Karte, ein anderer Mann. Zieh deine Beine ein und lass dich sinken. Du wirst es kaum spüren, wenn dein Kopf auf dem Bug aufschlägt.

Charlie beschrieb seitenweise seine »Fieberträume«, aber du hättest nie gedacht, dass deine eigenen kühl und fensterlos sein würden. Um dich herum hocken merkwürdige Viecher in dreckigen Verschlägen: eine Bisamratte mit Fischflossen, die im Schlamm ledrige Eier legt. Ein riesiger, hüpfender Hund, der seine Jungen in einer Felltasche trägt. Eine zwinkernde Katze, die auf den Ästen eines Baums herumkaut. Ein fauchender Hund mit Tigerzähnen.

Und mittendrin, Master Fleay, der näselt und den reichen Damen von Queensland das Mal zeigt, das ebendieser Tigerhund auf seinem Hintern hinterlassen hat, als er versuchte, dessen Bild in einer kleinen schwarzen Maschine zu bannen. Er und ein anderer Naturkundiger, in diesem Fall ein hundert Jahre nach Charlie geborener Grinser, geben dir erstmals den Namen einer Dame.

»Leg dich wieder hin, altes Mädchen«, sagt er. »Schlaf, so lang du magst, und überlass alles andere mir. Ich rette dich. Noch besser, ich mache dich berühmt.«

»Meine Damen?«, sagt er und gestikuliert den Frauen, die um dich herumstehen. »Das Beste zeige ich Ihnen zum Schluss. Ist sie nicht eine echte Schönheit? Ihr Name ist Harriet. Gehörte früher mal Darwin, damals, im letzten Jahrhundert. Jetzt aber ist sie mein, ganz allein mein.«

Genug jetzt! Raus mit dir auf ein trockenes Feld mit einem stabileren Zaun. Wie lange warst du draußen? Die Sonne brennt unbarmherzig, die Frauen um dich herum tragen Hosen und keine Hüte. Viele von ihnen haben quadratische, käferschwarze Gesichter mit einem glänzenden Auge dabei. Wenn die Augen zwinkern, blitzt es taghell.

Ein ausgewachsener Mann in kurzen Hosen, Irwin sein Name, hüpft zu beiden Seiten neben dir her, das Haar klebt ihm in tropfnassen, blonden Strähnen an der roten Stirn. »DONNERWETTER!«, ruft er, dann noch mal: »DONNERWETTER!«, wie die mit Tics geschlagenen Jungs aus der Anstalt. Er wirft sich für die Menge und ihre blitzenden Augen in verschiedene Posen: umarmt deinen Hals, den Ellbogen auf deinem Rücken, um sein rotfleckiges Kinn aufzustützen, umschlingt deinen Panzer mit ausgebreiteten Armen und reißt den Mund auf. Sein feuchter Griff ist warm, wie der eines Bäckers, der Teig flachklopft. Am Rand des Geheges beißt seine langhaarige Frau die Zähne zusammen.

Er dirigiert die Menge in einer Art Totengesang – »Happy birthday, liebe Härri-ät!« – und springt dann ein paar Hundert Meter weiter zum »Krokoseum«, um dort vor den Reptilien ganz spontan auszuflippen. Mit einem Satz ist er auf der Bühne – siehst du das? –, in jeder Hand ein Babykrokodil, die er wie Maracas in der staubtrockenen Brise schüttelt.

Die beiden neuen Krokos rollen ihre Pomponaugen in Richtung deines Geheges: *Aus dem Weg, Oma*. Irwin wirft dir ein paar rosafarbene Blüten zum Herumkauen hin, und die grimassierende Ehefrau schneidet einen riesigen Kuchen in zwei, vier, acht, sechzehn, zweiunddreißig Stücke. Sie schneidet durch deinen Namen in Zuckerschrift und auch durch dein Alter – das der Anlass der ganzen Feierei ist. Die Zahlen auf dem Zuckerguss lauten 1–7–5.

Die Welt hat Bedürfnisse, dachte der uralte Gott Manjushri, als er eine Schildkröte gerade über dem Urmeer aufsteigen ließ. Wie sie dort oben schwebte, bildschön und verliebt, schoss er ihr mit einem Goldpfeil in die

Brust. Das Blut, die Scheiße, das Feuer, das sie spuckte, vermählten sie mit dem Wasser und schufen Erde, Lava, Stein – auf ihr. Diese Masse drehte sich und wurde immer größer, bis die gesamte Welt auf ihr ruhte. Nicht auf ihrem Panzer, sondern auf dem flachen Fleisch ihres Bauchs. Auch die Zukunft – unser aller Ende – landete dort, unter dem goldenen Strahl in ihrem Herzen. Blieb der Pfeil dort stecken und durchbohrte den Planeten wie ein Stab von unten? Leg dich auf den Rücken und sieh hinauf, Liebling. Merkst du, wie sie dich noch immer kitzelt, während sie sich dreht?

Wende den Blick vom Stab ab, und schon erscheint Charlie, wie er vor 124 Jahren im Wald bei Down House taumelt, die Hand auf die Brust gepresst.

Wende den Blick ab, und schon erscheint der Morgen im Juni danach, als du beschließt, dich umzudrehen und von Rückenschwimmen auf Kraul umzusteigen. *Heute ist es schwerer*, wirst du denken und das Gesicht vor Schmerz verziehen.

Wende den Blick ab, schon erscheint Irwin im Batt Reef zehn Wochen später, an einem Montagnachmittag bei der Flossenjagd.

Bohrt dir jemand einen Draht ins Herz, ist das Schlimmste, was du tun kannst, ihn herauszuziehen.

KRIEGSTAUBEN

(Columba livia domestica)
1870 1918 1954 2012

Es sind die Vögel, die wir verewigen: auf unseren Jacken, in unseren Ställen, in unserem Leben. Weil es Kämpfer sind. Verstehen Sie? Echte Soldatentauben.

Mike Tyson

GAMBETTA (1870)

Innerhalb weniger Tage hatten die Preußen den geheimen Draht in der Seine gefunden und gekappt. Die mit Briefen gefüllten Zinkkugeln, die die Franzosen im Wasser flussabwärts Richtung Paris rollen ließen, erreichten kaum einmal ihr Ziel. Und nachdem die fünf Schäferhunde, die man dazu abgerichtet hatte, Mitteilungen aus dem Umland in die Stadt zu tragen, spurlos verschwunden waren, blieben dem belagerten Paris allein seine Tauben.

Dass es sich um außergewöhnlich prächtige Vögel handelte, war auf den ersten Blick zu erkennen; in ihren Perlaugen blitzte das Verlangen, in die Schläge im Taubenclub L'Espérance oder der Roitelet-Gesellschaft zurückzufliegen. Seit den Bonapartisten, seit Dschingis Khan, seit zwanzig Millionen Jahren vor allem, was einem Franzosen auch nur im Entferntesten ähnelte, flogen sie schnurstracks nach Hause. Warum also nicht eine offizielle Nummer unter ihre Flügel stempeln, sie in einem der berüchtigten Pariser Heißluftballone aufsteigen und dann zurück in die eingeschlossene Stadt fliegen lassen? An jeden Vogelschwanz konnten zwanzig winzige Mikrofilmrollen gebunden werden, und auf jedem Film befanden sich Tausende Nachrichten aus der Außenwelt. Die Vögel würden für Paris ganz einfach das machen, was sie ohnehin taten: nach Hause fliegen.

Ihre hohlen Knochen konnten sich fast bis zum Platzen mit Sauerstoff füllen, und ihre riesigen Brüste, die beinahe die Hälfte ihrer Körpermasse ausmachten, konnten diesen Sauerstoff fast ohne Schlaf und Nahrung tagelang zirkulieren lassen. Jedes der Tiere verfügte über zwei Kompasse, einen, der sich nach der Sonne richtet, und einen, der die summenden magnetischen Ringe wahrnimmt, die unsere Erde umspannen. Jede Taube konnte die Unterschallwellen des Windes hören, der von fernen Bergen zurückgeworfen wird, und die feinen, vom Menschen in die Landschaft gemauerten Veränderungen riechen, seien es Bauernhöfe oder Städte. Auf dem Heimflug orientierten sich die Vögel an Turmspitzen und Flüssen.

All das soll keineswegs heißen, dass die Pariser Tauben schnell waren – das waren sie nicht. Auch waren sie nicht vollkommen zuverlässig. Die Preußen – immer den einen verdammten Schritt voraus – hatten Habichte dazu abgerichtet, die Tauben in der Luft zu jagen. Oder sie fingen einen Vogel lebend, banden ihm beunruhigende Falschmeldungen an und schickten ihn zurück nach Paris. Ganz zu schweigen von den hungrigen und ahnungslosen *rustres* entlang der Loire, die die Vögel für einen ihrer deftigen Eintöpfe vom Himmel holten.

Am Ende trug nur ein Sechstel der Tauben die Mikrofilme zu den Eingeschlossenen. Doch für Paris, für die Regierungsbeamten und Bürger, die im kältesten bislang aufgezeichneten Winter in der Stadt gefangen waren, bedeuteten diese Filme alles. Und während das eigensinnige Taubenherz sich selbst wärmt, indem es mit siebenhundert Schlägen pro Minute nach Hause eilt, wärmt sich das Menschenherz an anderen Herzen, die in der Ferne für dieses eine schlagen:

Nimm die Sachen aus dem Schrank und das Glas und alles Zerbrechliche und lass es nicht aus den Augen. / Ich habe große Angst, doch ich halte meine Nerven, so gut es geht, nieder, solang du da drin bist. / Gib das Appartement am Boulevard Bineau auf. Deine Frau, Kinder, wir alle küssen dich / Gott schütze dich und tausend Küsse. / Espérons!

CHER AMI (1918)

Am zweiten Tag unter Mörserbeschuss war die 77. Division der amerikanischen Infanterie – das »verlorene Bataillon« – nur noch halb so groß, und die verbliebene Hälfte war halb verhungert. Die Männer zählten ihre restliche Munition und nahmen den Toten die Bandagen ab, um die Halbtoten damit zu verbinden. Um an Wasser zu gelangen, mussten sie an die deutschen Scharfschützen herankriechen, die sofort schossen, sobald sie einen Zipfel Khaki erspähten. Etwa zu diesem Zeitpunkt eröffneten die Franzosen, die von der Position der 77. nichts ahnten, Granatfeuer auf ihre Verbündeten.

Flugzeuge waren keine Hilfe gewesen, sie trafen nicht gut genug. Die abgeworfenen Lebensmittel und Materialien landeten im Nirgendwo, zwei Holzkisten mit Brieftauben – acht Fallschirme pro Kiste – mitten im deutschen Lager. Doch die Piloten trifft keine Schuld. Es war 1918, und der Mensch flog seit gerade mal zehn Jahren.

Gegen zwei Uhr nachmittags lief ein junger Leutnant namens Orem geduckt durch das Lager, auf dem Rücken einen Korb mit Tauben. Darin waren die letzen beiden Tauben der Truppe, und in ihrer Nervosität heulten beide wie Eulen. Major Whittlesey hatte am Tag zuvor zwei andere Brieftauben auf den Weg geschickt – beide mit der Nachricht, dass dreihundert Mann noch eingeschlossen seien und große Qualen litten –, doch beide Vögel hatten eine Ladung abbekommen.

Orem öffnete die letzte Kiste, und als einer der Vögel ihm entwischte und davonflog, blieb der 77. nur noch eine einzige Täubin mit blau gesprenkelten Flügeln, Nummer 43 678 der US-Armee. Die letzte Taube des verlorenen Bataillons. Die Nachricht, die sie überbringen sollte, war schon bereit, Whittlesey hatte sie auf ein winziges Stück Papier gekritzelt: WIR SIND AN DER STRASSE PARALLEL ZU 276.4. UNSERE ARTILLERIE RICHTET IHR SPERRFEUER DIREKT AUF UNS. UM HIMMELS WILLEN, HÖREN SIE AUF.

Sie sahen ihr nach, wie sie losflog, die Nachricht eingerollt in einer alles entscheidenden Kapsel an ihrem Bein. Sie umkreiste die Rauchwirbel der Artillerie und ließ sich dann ein Stück bergab auf einem Baum nieder. Als sowohl der Major als auch der Leutnant mit Stöcken nach ihr warfen, hüpfte sie auf einen höheren Ast und putzte sich wie zwanghaft das Gefieder; also warfen sie Steine. Schließlich schob sich Orem, immer noch tief beschämt darüber, dass er die erste Taube hatte entkommen lassen, den Baum hinauf und schüttelte sie vom Ast.

Sie stieg so hoch empor, dass fast alle Männer des verlorenen Bataillons sie sehen konnten: die unversehrten Soldaten, die aus den Toten eine provisorische Mauer errichteten; die drei verbliebenen Sanitäter, die vor lauter Arbeit verrückt wurden; die Verwundeten, die man in der Senke hilflos zurückgelassen hatte. Jeder, der sich nicht gerade in seinen Unterstand kauerte, musste mit ansehen, wie sie auf- und davonflog.

Und wie schwindelerregend musste ihr Anblick für die Eingeschlossenen und Verkrüppelten gewesen sein. Diese gedrungene Taube, diese geflügelte Faust, die die kontaminierte Luft in ihrem Aufstieg hinunterstößt, die alles Verlorene fortschiebt und Platz schafft für all das, was Zuhause ausmacht. Eine aus dem Graben aufsteigende Taube ist die graue Flagge einer Chance, eine letzte Gelegenheit für die Verdammten, die Köpfe zu heben. Eine Taube im Krieg erlaubt es einem weiterzuträumen.

Dann explodierte unter ihr eine Granate, tötete fünf Männer und ließ den erschrockenen Vogel landen. Und dieser Sinkflug ist die letzte Erinnerung, die die Überlebenden des verlorenen Bataillons von ihrer letzten Taube festgehalten haben. Vielleicht wandten sie alle sich ab, weil sie den Anblick nicht ertrugen, und daher hat niemand den Moment mitbekommen, als sie ihren Körper – ein Auge war einfach *weg*, das Bein, an dem noch die Blechkapsel hing, wurde nur noch von einer Sehne gehalten – wieder in Bewegung setzte. Niemand sah, wie sie erst taumelnd, dann immer schneller auf die mobile Nachrichteneinheit Nummer 9 zuflog, vierzig Kilometer Richtung Südosten. Und da niemand sie sah, konnte sich keiner der Kameraden der 77. auch nur im Traum vorstellen, was als Nächstes passieren sollte.

LEAPING LENA (1954)

Wir wissen nicht, wem sie gehörte oder aus welcher westdeutschen Stadt sie stammte. Wir kennen ihren ursprünglichen Namen nicht, ja, wissen gar nicht, ob sie überhaupt einen hatte. Aller Wahrscheinlichkeit nach war sie eine ganz beliebige nummerierte Brieftaube, die an jenem Sommertag die Rennroute zurück aus München ignorierte, bei Schwanberg rechts abbog und über den Eisernen Vorhang flatterte.

In der Luft musste sie möglicherweise einigen dieser Folienluftballons ausweichen, auf denen in grellroten Großbuchstaben SVOBODA stand. Das Nationalkomitee für ein freies Europa hatte die Ballons seit Anfang der 1950er Jahre von Weizenfeldern entlang der Grenze aufsteigen lassen. Platzten sie, regnete es Flugblätter über dem kommunistischen Prag, über Pilsen, Ostrava oder einem der roten Dörfer dazwischen:

DIESES FLUGBLATT
WURDE VON EINEM
BALLON ABGEWORFEN

ES IST EINE NACHRICHT
FÜR SIE … VOM
KREUZZUG FÜR DEN FRIEDEN

NEHMEN SIE ES MIT
… BITTE LESEN SIE
DIE RÜCKSEITE

Doch eine verirrte Renntaube aus Westdeutschland ist besser als ein roter Ballon, denn kein anonymer Tscheche kann den geplatzten roten Ballon wieder *zurückschicken*. Eine Taube dagegen kann mit einer Geheimnachricht eines tschechischen Bürgers über die Grenze fliegen – zurück zu ihrem Schlag und kurz darauf in den Sitz von Radio Freies Europa. Von dort aus konnte sie die tschechische Nachricht weiter zu Adenauer und Eisenhower tragen, zu Mr und Mrs America, von Grenze zu Grenze, von Küste zu Küste, und zu allen Schiffen auf See:

Wir bitten Sie inständig, im Kampf gegen den Kommunismus nicht nachzulassen, denn der Kommunismus muss vernichtet werden [...] Wir hören Ihre Sendungen [...] Bitte sagen Sie uns, wie wir den »Bolschewismus« und die hier herrschende tyrannische Diktatur bekämpfen können [...]
– DAS UNGEBEUGTE PILSEN

Sie buchten der Taube einen Flug nach New York und gaben ihr den gespannt wartenden Amerikanern zuliebe einen neuen Namen, einen von alveolarer Schönheit, wie Lois Lane, Lorelei Lee und Lolita. Als Leaping Lena auf dem Flughafen Idlewild landete, posierte die hübscheste Stewardess, die man hatte finden können, mit ihr für das Foto der *Times*. Die Schlagzeilen lauteten »Gut gegurrt, liebe ›anti-rote‹ Taube« und »Einmal Eiserner Vorhang und zurück: Vogel jetzt bei uns« und »Großer Jubel für die Taube, die sich verflog und den Roten Vorhang zerriss«. Eintausend gefangene amerikanische Vögel stiegen ihr zu Ehren in den Himmel auf.

Man bürgerte sie ein und fand einen heldenhaften Täuber, mit dem sie ein Nest bauen konnte. Während eine Band »Der Eiserne Vorhang reicht nicht in den Himmel« spielte, posierte sie für Werbekampagnen. Die »Dollars für die Wahrheit«, so versicherte die CIA, würden Amerika helfen, »gegen die große Lüge anzukämpfen«. Allerdings ist nicht ausgeschlossen, dass Lena selbst »die große Lüge« war.

Die Namen ihrer deutschen Halter wurden nie vermerkt. Ihre vermeintliche Heimatstadt taucht in drei verschiedenen Schreibweisen auf. Sie war auf dem Weg nach München, ins Rheinland oder ganz allgemein nach Bayern, je nachdem, welche amerikanische Zeitung ihre Geschichte erzählte. Und so wie ihre Herkunft im Dunkeln liegt, weiß auch niemand, was am Ende ihrer US-Tournee aus ihr wurde, denn der Schlag, in dem die Armee ihre Heldentauben hielt, wurde bald darauf abgerissen.

Doch was spricht dagegen, eine Taube als Pin-up-Girl der CIA zu erfinden? Welcher Vogel wäre für einen kalten Krieg besser geeignet als ein Fantasievogel? Viele von uns sind in Fantasiewelten zu Hause – dorthin fliegen wir, dort suchen wir uns einen Schlafplatz. Und eingebunden in ein beruhigendes Gefüge – in Gestalt eines gefiederten Freunds beispielsweise – kann die Fantasie viel weiter fliegen, als es Fakten je könnten. Dank Lena war Amerika imstande, sich die Sehnsüchte vorzustellen, die in den stillen Häusern jenseits einer fremden Grenze (auch sie ein Werk der Fantasie) schlummern mochten. Dank ihr wähnten sich die Amerikaner auf einem Stück Heimatland, das einen weiten Flug und die Überwindung von Grenzen lohnte – es bestätigte ihnen, dass ihre amerikanische Vorstellung von Zuhause es wert war, entschlossen, ja geradezu blind verteidigt zu werden. Und so halfen sie mit ihren sehr realen einheimischen Dollarnoten jene unwirkliche deutsche Brieftaube zu verklären.

DER VOGEL VON BAB AMR (2012)

Die beiden Hände, die die Kamera halten, zittern im Februarwind. »Siehst du, was du getan hast, Baschar? Du hast uns zurück ins Mittelalter geworfen.«

Sie filmen ein anderes Paar Hände – die linke kritzelt in blauer Tinte etwas Arabisches auf ein kleines Stück Papier, die rechte hält es fest, damit es nicht wegfliegt:

Von den Aktivisten in Alt-Homs an diejenigen in Bab Amr: Bitte sagt uns, was ihr an Material und Lebensmitteln braucht. So Gott will, bringen wir es euch.

Die Kamera schwenkt auf zwei weitere Hände, die ein Walkie-Talkie der Marke Dexford halten:»Die funktionieren nur bis einhundert Meter. Ist einer von uns außerhalb des Radius, müssen wir die Vögel nutzen.«

Dann zoomt die Kamera ein weiteres Paar Hände heran, das eine Taube aus einem Stoffbeutel zieht. Der Vogel trägt eine graue Kappe und sitzt ganz ruhig im Griff seines Abrichters, wie ein heißer Stein, den man in der Hand hält, um sich zu wärmen.

Alles in allem sind da acht Hände auf dem windigen Dach, die ihre Arbeit (und diesen Vogel) untereinander wandern lassen. Zwei Hände rollen das Papier fester als eine Alhamraa-Zigarette und knoten einen Faden darum. Zwei Hände übergeben die Taube, den Bauch nach oben gewendet, an zwei weitere Hände, die die gerollte Nachricht gegen das Innenbein des Vogels halten und mit dem braunen Faden hastig fünf lockere Schlingen binden:»Wir wickeln es um die Klauen des Vogels, den Rest legen wir in Gottes Hand.«

Alle Hände segnen den Vogel, der jetzt von den Händen gehalten wird, die die Nachricht geschrieben haben. Er sitzt aufrecht in der Schale der Handflächen wie in einem Nest und wartet darauf, dass die Hände ihn zunächst hinabsinken lassen und dann in einem tänzerischen *allez hopp!* in die Luft werfen:

»Gute Reise, Vogel!«

»Wir beten zu Gott, dass dieser Vogel es von Homs nach Bab Amr schafft!«

»Gott ist groß!«

»Möge er sicher ankommen!«

Auf den Straßen von Alt-Homs sind Schüsse zu hören, Gesang und Hände, die zum Pfeifen in den Mund genommen werden, während die

Taube das Dach einmal umrundet und sich dann scharf nach rechts wendet.

Beim Abbiegen sieht die Taube aus, als würde sie für immer weiterfliegen und nicht ein paar Kilometer entfernt in Bab Amr innehalten, wo andere Hände darauf warten, sie zu fangen und ihr die eigene Gefangenschaft an das rechte Bein zu knoten. Unwillkürlich stellt sich das Bild des Vogels ein, der immer weiter fliegt, einer früheren Heimat entgegen. Dreitausendfünfhundert Jahren Heimat, mit dreitausendfünfhundert Jahren voller Nachrichten.

Der Vogel von Bab Amr fliegt hinweg über die Küsten des alten Ägypten, mit einer Nachricht der sich nähernden Flotte. Er fliegt hinweg über König Sargon von Akkad, nachdem sein letzter menschlicher Bote auf der Straße nach Aleppo verstorben ist. Er fliegt mit Neuigkeiten von olympischen Triumphen und den Ergebnissen von Wagenrennen, bei denen um Königreiche gewettet wurde. Er fliegt mit gefälschten Nachrichten von Saladins Armee, während Richard Löwenherz und seine Männer vor den Toren der Stadt ausharren.

Und dann fliegt der Vogel von Bab Amr zurück nach Homs, genau wie der erste Vogel, der vor über tausend Jahren auf dem Markt gekauft worden war und zu seinem ursprünglichen Schlag zurückkehrte. Zurück, wie die Taube, die von der Arche hinaus über die Flut geschickt wurde, um Land zu suchen, zurück vom Balkon im alten Assyrien, wo Semiramis am Abend ihres Sturzes auf eine Prophezeiung wartete. Die Prophezeiung kam in Form eines Vogels, der ihr Flügel brachte, damit sie davonfliegen konnte.

Das zweite Video beginnt einige Zeit später, man sieht einen Vogel am Himmel. Die Hand an der Kamera folgt den weiten, hohen Kreisen des Vogels und fängt das Rauschen des Windes ein, entfernte Gesänge und weniger entfernte Explosionen, die das Dach mehrere Male erzittern lassen. Dieses Mal sind keine Hände im Bild, doch es sind dieselben vier

Stimmen auf demselben Dach. Sie rufen so laut und lebhaft, als käme der Vogel nicht von einer zwei Kilometer langen Reise zurück, sondern als hätte er eine viel größere Entfernung überwunden.

»Da, Jungs!«

»Da ist er! Der Vogel von Bab Amr!«

»Gott ist groß!«

»Gott ist groß!«

»Gott ist groß!«

»Gott ist groß!«

»Gott ist größer als du, Baschar. Du schickst Raketen, aber wir haben diesen Vogel geschickt!«

JUMBO II.

(Elephas maximus)

1901

Sie wird Menschen töten, und etwas Panikgleiches wird die Folge sein.
Thomas Edison

Aus dem *Philadelphia Aurora* vom 28. Juli 1796, wovon manches stimmt:

Soeben erreichte aus New York, auf seinem Wege nach Charleston, diese unsere Stadt ein Elephant. Er besitzt die Gewandtheit eines Biebers, die Intelligenz eines Affen und die Heiterkeit eines Hundes. Er ist unter den Vierfüßern der größte; die Erde erbebt unter seinen Füßen: Er hat die Kraft, die größten Bäume auszureißen, und ist doch folgsam denen, die ihn gut behandeln.

Dieser Elephant, der nun zu öffentlicher Anschauung bereitsteht, ist etwa drei Jahre alt und misst gut zwei Meter. Er gehört der größten Tierart an, die beinahe fünf Meter groß wird. Er wurde in New York für zehntausend Dollar erworben.

Ein Name des Elefanten ist nicht bekannt.

1805

Der – soweit überliefert – zweite Elefant auf dem nordamerikanischen Kontinent wurde auf einem New Yorker Viehhof von einem Mann namens Hack erworben.

Er nannte das Tier »Bet«, nach seiner Tochter Betsy. Nachdem er hatte feststellen müssen, dass Bet zur Feldarbeit nicht taugte, zog er mit ihr von Stadt zu Stadt und nahm Eintritt. In Anzeigen, die Hack in den Lokalzeitungen schaltete, warnte er die Leser, es handele sich hierbei um *den einzigen in den Vereinigten Staaten und vielleicht den letzten, der diesen Ort jemals besucht.*

Er reiste mit seinem Elefanten nachts, in der Dunkelheit des jungen Amerika, denn er wollte keine kostenlosen Vorstellungen geben. Bekanntlich können Elefanten im Dämmerlicht sehr gut sehen.

Ein Farmer in Alfred, Maine, geriet entweder wegen Hack oder des Elefanten wegen in Rage, je nachdem, welchem Bericht man Glauben schenkt. Er erschoss Bet, als sie auf dem Weg in die nächste Stadt war.

1809
Der englische Chemiker Humphry Davy verbrachte das erste Jahrzehnt des 19. Jahrhunderts damit, elektrisches Licht zu entwickeln. Er platzierte zwei Kohlestifte dicht an dicht und schob ihre Enden mit einem Elektromagneten auseinander. Als ein batteriebetriebener Stromfluss an die Stifte gelegt wurde, sprang er in einem Bogen von einem Filament zum anderen, und die Lampe entlud ein grelles, intensives Licht, das sich bestens für die Beleuchtung von Wegen, Straßen und Promenaden eignete.

1826
Hack Bailey schaffte zwei weitere Elefanten an: ein Männchen, Columbus, und ein Weibchen, das er wieder Bet nannte. Dieses Mal ließ Hack sich für seine Vorstellungen etwas einfallen. Bet II. brachte er bei, Bierflaschen zu öffnen und sich an die Lippen zu führen. Er brachte ihr bei, wie eine feine Dame den Kopf zu neigen. Er verbreitete das Gerücht, ihr

Hinterteil sei schusssicher, was eine Jungsbande aus Rhode Island auf die Idee brachte, mit sechs Musketen gleichzeitig auf sie zu feuern.

Columbus brach aus unbekannten Gründen nach einer Show in Baltimore tot zusammen. Hack ersetzte ihn durch einen vierten Elefanten, dem er denselben Namen gab, und machte weiter, als sei nichts geschehen. Columbus II. lebte noch zwanzig Jahre, bis er durch eine morsche Brücke brach.

1849

In den Zeitungen stellten sich die Karikaturisten das Land, das jetzt bis an den Pazifik reichte, als riesigen, dunklen Elefanten vor. In ihren handgezeichneten Landkarten ist die schmale Biegung von Maine der Rüssel und Kalifornien der Schwanz. Von Siedlern, die sich mit ihren Pferdewagen gen Westen schleppten, sagte man, sie hätten unterwegs »den Elefanten gesehen« – womit sowohl die Wunder als auch die Strapazen dieses riesigen Landes gemeint waren, die Freundlichkeiten und die rohe Gewalt.

1859

Als Junge löcherte Thomas Edison die Bahnwärter an der Station, wo er Zeitungen und Süßigkeiten verkaufte. Er wollte wissen, wie Elektrizität Nachrichten durch Drähte bewegen konnte. Ein schottischer Mitarbeiter der Montreal Telegraph Company erklärte dem kleinen Thomas, er müsse sich den Draht als Dackel vorstellen, der sich von seiner Heimat bis in den Süden Englands erstreckte; zog man in Edinburgh an seinem Schwanz, hörte man ihn in London bellen.

Das verstand ich, erinnerte sich Edison später, *aber ich habe nie kapiert, was genau durch den Hund oder über die Drähte lief.*

1862

Der König von Siam schickte dem Weißen Haus ein Schwert und ein paar königliche Fotografien sowie das Versprechen, bald zwei ausgewachsene Elefanten zu senden – eine Geste der Freundschaft. Liebenswürdig lehnte Präsident Lincoln ab, aus Sorge, die Nation werde sich in Kriegszeiten möglicherweise nicht ausreichend um die Tiere kümmern können.

1865

Der erste Elefant, der in Amerika wegen eines Verbrechens vor Gericht stand, war ein »asiatischer« namens Old Hannibal. Seine Gewaltausbrüche fielen meist mit seinen Musth-Phasen zusammen: zwei Männer in einem Dock in New Orleans. Ein verwirrter Mann in Ohio.

Old Hannibal verliebte sich in Pittsburgh in eine Elefantenkuh, was der Zirkus umgehend zu Werbezwecken ausschlachtete: *Kommt und seht die Dickhäuter Romeo und Julia!* Nachdem sie verkauft worden war, fraß er nicht mehr, besoff sich mit Whiskey und tötete einen Wärter. Der Richter sprach Old Hannibal mit der Begründung frei, dass der Wärter ihn sicherlich misshandelt habe. Und davon mal abgesehen: Was ist von einem Kerl zu erwarten, dem gerade das Herz gebrochen wurde?

Sein Nachruf war zwei Jahre später in der *New York Times* zu lesen, in derselben Woche, in der auch der Nachruf auf den Präsidenten erschien: *Hannibal soll rund sechzig Jahre alt gewesen sein. Er hatte den Tod zweier Wärter verursacht, ein Vergehen, das ihn seine Stoßzähne kostete; sie wurden nahe seinem Maul abgesägt. Ein- oder zweimal gefiel es ihm, unbewacht durch die Lande zu streifen. Er war von ernstem und würdevollem Wesen und frönte nur selten jenen spielerischen Darbietungen, die unter kleineren und weniger distinguierten Exemplaren seiner Spezies üblich sind. Seine Besitzer haben veranlasst, dass er samt all seines natürlichen Zierrats begraben werde.*

1878

Im Oktober nahm die Edison Electric Light Company mit einer Deckung von über einer Viertelmillion Dollar die Geschäfte auf. Als Erstes machte sich Edison mit seiner berüchtigten Hartnäckigkeit an die Entwicklung einer billigen Glühbirne, die mit schwächerem Strom auskam und somit für den Hausgebrauch geeigneter wäre als eine Kohlebogenlampe. Sein Labor in Menlo Park, New Jersey, hatte rund sechzig Angestellte: Ingenieure, Chemiker und sogar Glasbläser. Der Presse gegenüber witzelte er gern über die Materialien, die er immer zu Hand hatte – alles *von einer Elefantenhaut bis zu den Augäpfeln eines US-Senators.*

Ein Jahr später titelte der *New York Herald*: EDISONS HEUREKA – ENDLICH ELEKTRISCHES LICHT.

1880

Der zweite in Amerika geborene Elefant (und der erste, der das Säuglingsalter überstehen sollte) erblickte das Licht der Welt unter dem Zeltdach von Bailey und Company in Philadelphia. Seine Mutter war ein Tanzelefant namens Babe. P.T. Barnum war so scharf auf Babes Baby – es muss ganz einfach unwiderstehlich gewesen sein –, dass er anbot, Baileys Zirkus mit seinem eigenen zu verschmelzen.

Das Elefantenmädchen wuchs heran – was sonst? – und wurde bald einfach einer von Barnum & Baileys drei Dutzend ausgewachsenen Elefanten. Die Nation verlor das Interesse am »Baby«, bis sie zwanzig Jahre später einen Löwen quer durch den Luna Park in Coney Island in die Menge schleuderte. Fünf Jahre später hieß es, sie sei unbelehrbar. Der Zirkus benutzte einen Klotz und einen Flaschenzug und strangulierte sie vor den Augen von einundzwanzig Elefanten, den »Geschworenen«. Einer davon war Babe.

Babe starb sieben Jahre nach ihrer Tochter, als der Zirkus auf Tournee auf den Antipoden war. Sie bekam eine Seebestattung.

1881

Eines Nachts, unter einer Kohlebogenlampe in Buffalo, New York, beobachtete ein Zahnarzt namens Alfred P. Southwick, wie ein betrunkener Hafenarbeiter versehentlich eine stromführende Leitung berührte. Als er den Mann zu Boden fallen sah, bemerkte Southwick, wie schnell und noch dazu ruhig und lautlos der Tod eintrat. Umgehend tat er sich mit dem örtlichen Hundefänger zusammen, um elektrische Experimente an Buffalos Streunern durchzuführen.

1882

Zwei Monate nachdem Charles Guiteau wegen Mordes an Präsident Garfield verurteilt worden war, landete der berühmteste Elefant der Geschichte am Castle Garden Pier von New York City an. Ein Aufgebot aus sechzehn Pferden, fünfhundert Mann und zwei von P. T. Barnums Dickhäutern (Gyp und Chief) schob und zog die Kiste mitsamt dem »mastodonischen« Afrikanischen Elefanten den Broadway hinauf. Das gesamte Frühjahr über sorgte das Tier für ausverkaufte Matineen und Abendvorführungen im Madison Square Garden. Im Laufe der nächsten drei Jahre sollte ihn über ein Viertel der US-amerikanischen Bevölkerung zu Gesicht bekommen, in New York und auf Tournee.

Der Elefant war aus England samt seinem Namen und dem Ruf angereist, das größte und sanftmütigste Lebewesen der Welt zu sein. Obwohl niemand wirklich weiß, woher der Name stammte, war bereits im Herbst, als der »Feigling« Charles Guiteau gehängt wurde, jedes beliebige große Gebilde nach ihm benannt: Jumbo-Würstchen, Jumbo-Zigarren, Jumbo-Dampfpfeife, Jumbo-Abgeordnete, die im Kongress dem Fortschritt im Weg standen.

Sogar Edison machte mit. Keine zwei Kilometer vom Madison Square Garden entfernt buddelte er sich unter der Pearl Street hindurch, um das erste Stadtviertel Amerikas mit Gleichstrom zu verkabeln. Sechs Zweihundert-PS-Generatoren mit je einer eigenen Dampfmaschine surrten lautstark neben den fünfundachtzig Gebäuden, die sie versorgten. Die kakophonischen Generatoren hatte Edison »Jumbo-Dynamos« getauft.

1883

Aus einem Leitartikel in *Scientific American* mit dem Titel »Das Töten von Rindern mit Hilfe von Elektrizität«:

Dergleichen Tod durch »richterlichen Blitz« kann anstelle der grausamen Gewalt des Stricks angewandt werden. Zumindest als Möglichkeit, erschöpfte Vierfüßer zu töten, erscheint er so wirksam wie gnädig.

Und dann, zwei Jahre später, im selben Magazin – der Leitartikel »Elektrizität bei der Hinrichtung Krimineller«:

Wie einfach es doch wäre, die Hinrichtungsstätte in den Gewölben so mit dem System der elektrischen Straßenbeleuchtung zu verbinden, dass sich der Strom zum Henker von Mördern ernennen ließe! Der Tod setzte unmittelbar und völlig schmerzfrei ein, während die Entsetzlichkeit der solcherart herbeigeführten Strafe zugleich höchst eindrücklich wäre.

1884

Für die neue Saison der Great Forepaugh Show tünchte Adam Forepaugh seinen Elefanten Tiny (der früher Othello hieß) von oben bis unten weiß. Zunächst kündigte er ihn als den Weißen Tigerkiller an, änderte den Namen dann aber nochmals zu Das Licht Asiens. Sowohl die Zeitungen als auch P. T. Barnum gingen von Schwindel aus, obwohl Barnum selbst einen Elefanten mit Weißfleckenkrankheit als »so weiß, wie Gott sie nur schuf« anpries. Forepaugh veröffentlichte eine betrübte Stellungnahme, Das Licht Asiens habe sich eine Erkältung zugezogen und sei verstorben. In

Wahrheit hatte er den Elefanten gewaschen, in John L. Sullivan umbenannt und ihm das Boxen beigebracht. Der Elefant sollte erst achtundvierzig Jahre später an Herzversagen sterben. Inzwischen lautete sein Name Old John.

1885

Drehte ein Elefant durch und konnte nicht mehr gebändigt werden, sprachen Zirkusleute in Amerika davon, das Tier sei »hässlich« – *ugly* – geworden. Nachdem er in Nashua, New Hampshire, seinen Wärter getötet hatte, führte man Ugly Albert zu einer Schlucht außerhalb von Keene. Dort eröffnete ein örtlicher Wachsoldat aus fünfzehn Schritt Entfernung das Feuer. Ein toter Elefant bedeutete mehr Masse, als die Männer fortschleifen konnten, also schnitten sie Ugly Albert, wie es damals üblich war, in handliche Stücke. Zwanzig Meter Eingeweide. Knochen, die mehr wogen als ein amerikanisches Quarter Horse. Ein Zwanzig-Kilo-Herz. Literweise Blut. Eine Haut für die Naturkundler der Smithsonian Institution.

Am 15. September desselben Jahres führte Scotty, sein treuer Wärter, den Großen Jumbo auf dem Bahnhof einer kanadischen Stadt etwa sechzig Kilometer entfernt von den Niagarafällen über die Schienen zu seinem Luxus-Güterwagen. Ein einfahrender Zug konnte nicht rechtzeitig bremsen. Der Aufprall jagte Jumbo die Stoßzähne ins Gehirn und bockte die Lokomotive über dem Elefantenkörper auf. Als er starb, lag er noch immer unter dem Zug.

Die Nation trauerte. Barnum verklagte die Eisenbahngesellschaft und stellte zwei Tourneen auf die Beine: eine mit den zusammengesetzten Knochen des Elefanten und eine mit der ausgestopften Haut – *ein DOPPELTER JUMBO!*

1886

Am Frühlingsanfang legte der leitende Wissenschaftler von George Westinghouse an einer Straße mit Wohn- und Geschäftshäusern in Great Barrington, Massachusetts, den Schalter um – und die erste Innenstadt wurde mit Wechselstrom versorgt. Die Energie, die Great Barrington erleuchtete, stammte nicht aus einem kakophonischen Kraftwerk eine Straße weiter, sondern von einem Generator, den man in einer aufgelassenen Holzmühle zwei Kilometer außerhalb der Stadt aufgestellt hatte. Damit der Strom diese beachtliche Entfernung zurücklegen konnte, brauchte die »Elektrifizierung von Great Barrington« eine Spannung von 500 Volt, das war beinahe fünfmal so viel wie Edisons Gleichstrom in der Pearl Street.

Einen Ozean entfernt zog eine Riege von vierzig Elefanten im Krieg mit Abessinien britische Kanonen durch die nordafrikanische Wüste. Nach dem Krieg wurden viele von ihnen nach England oder Amerika verschifft, um im Zirkusgewerbe zu arbeiten.

1887

Inzwischen wurden ganze Städte von Chicago über Boston bis hinunter nach New Orleans mit Gleichstrom versorgt, doch auf Thomas Edison lastete der Druck von Westingtons Erfolg mit Wechselstrom. Daher ließ der »Zauberer aus Menlo Park« – der Amerika das Licht brachte – ein alarmistisches, knallrotes Pamphlet mit dem Titel *EINE WARNUNG DER EDISON ELECTRIC LIGHT COMPANY* drucken. Es dürfte die erste Publikation gewesen sein, in der das Wort »Todesstrom« auftauchte.

Alfred P. Southwick, dem Zahnarzt aus Buffalo, ging die Sache mit dem Betrunkenen und dem Stromschlag nicht mehr aus dem Kopf. Per Brief bat er Edison in jenem Herbst um seine Meinung zur Nutzung der Elektrizität bei der Vollstreckung der Todesstrafe. Edison antwortete Southwick im Dezember in einem Brief, den der Zahnarzt in Auszügen im *Journal of the American Medical Association* veröffentlichte:

Die zu diesem Zweck am besten geeignete Apparatur ist jene Gruppe dynamo-elektrischer Maschinen, die unterbrochenen Strom verwenden. Die effektivsten unter ihnen sind bekannt als »Wechselmaschinen«, wie sie hierzulande vor allem von George Westinghouse hergestellt werden. Der Stromfluss aus diesen Maschinen durch den menschlichen Körper führt auch bei der leisesten Berührung zum sofortigen Tode.

Im selben Monat fielen im Winterquartier von Barnum & Bailey Dutzende Tiere einem Feuer zum Opfer, darunter Alice, Jumbos angebliche Witwe. Die dreißig Elefanten, die kräftig genug waren, um sich von ihren Ketten loszureißen und zu fliehen, fingen unterwegs Feuer. Teile ihrer verbrannten Haut fielen ins Stroh, als sie davonrannten.

1888

Aufzeichnungen zu H. P. Browns Tierexperimenten im Edison-Labor am 10. Juli:

Hund Nr. 1. Alte Hündin, schwarz und hellbraun gescheckt; wenig lebhaft; Gewicht nicht gemessen. Widerstand von rechtem Vorderbein bis zum linken Hinterbein 7500 Ohm. Anschluss mit einer nassen Rolle aus Baumwollresten gelegt, fixiert mit Hilfe von Kupferdrahtumwicklungen; Gleichstrom verwendet. Elektromotorische Kraft zum Zeitpunkt des geschlossenen Kreislaufs 800 Volt; Dauer des Kontakts durch den Hund 2 Sekunden.

Hund Nr. 2. Großer Bernhardiner-Mischlings-Welpe; kräftig und in guter Verfassung. Widerstand 8500 Ohm. Anschlüsse gelegt wie oben. Elektromotorische Kraft 200 Volt. Dauer des Kontakts durch den Hund 2 Sekunden.

Hund Nr. 3. Foxterrier-Hündin, jung und sehr lebhaft. Widerstand
6000 Ohm. Anschlüsse sehr feucht gehalten. Elektromotorische Kraft
400 Volt.
600 Volt.
800 Volt.
1000 Volt.

Hund Nr. 4. Schäferhund-Mischling; kräftig und in guter Verfassung.
Anschlüsse gelegt wie oben. Widerstand 6000 Ohm; Gleichstrom, elek-
tromotorische Kraft 1000 Volt.
1100 Volt. Atmung fiel ab auf 72 und Hund unverletzt. Hund jaulte,
als Stromkreis geschlossen wurde, wedelte aber mit dem Schwanz, als
Dr. Peterson die Atmung zählte.
1200 Volt. Hund jaulte, als Stromkreis geschlossen wurde, jedoch immer
noch unverletzt.
1300 Volt. Hund jaulte leicht. Atmung 72 (unregelmäßig).
1420 Volt. Die äußerste Leistung des Dynamos bei derzeitiger Geschwin-
digkeit.

In jenem Herbst, nach der Verabschiedung des Gesetzes zur elektrischen
Hinrichtung im Staat New York – das statt Hängen nun den Tod durch
»richterlichen Blitz« vorschrieb –, wurde die staatliche Gerichtsmedizi-
nische Gesellschaft beauftragt, einen Bericht über die am besten geeigne-
ten Verfahren zu verfassen. Sie gaben weitere Versuche in Auftrag, dieses
Mal an Tieren, die dem Gewicht eines verurteilten Menschen eher ent-
sprachen. Das Edison-Labor kam dem Wunsch nach und tötete zwei
Kälber mit einem Gewicht von 56 beziehungsweise 70 Kilogramm per
Stromschlag. Dann probierten sie 2000 Volt an einem Pferd aus. Dann
nahmen sie größere Exemplare ins Visier.

Dynamort. Ampermort. Virmort. Elektromort. Elektroschlag. Elektrozid. Elektrizid. Elektrothanasie. Elektrosiesta. Elektrolethe. Elektrophon. Elektropoena. Elektrokremation. Superelektrifizierung. Galvanation. Gerryzid. Joltakus. Voltakus. *Blitztod*. Blendtod. Thanelektrifizierung. Brownen. Westinghousen.

11. Juli, in der *New York Times*:

Wir beten, von jener Monstrosität namens »Elektrokution« verschont zu bleiben, die anmaßende Ignoranten offenbar einzuführen versuchen.

Ein fünfundzwanzigjähriger Zirkuselefant, einer von damals (mindestens) zwei Tieren dieser Art in Amerika, die Chief hießen, soll so viele Wärter getötet haben, dass kein Angestellter des John Robinson Circus mehr wagte, sich ihm zu nähern. Laut dem *British Vetinary Journal* verhandelte der Zirkus mit dem Edison-Labor bereits über eine mögliche Spende des Elefanten, überlegte es sich am Ende jedoch anders. Sie übergaben Old Chief dem Zoo von Cincinnati, wo er wenige Monate später erschossen wurde. Zwei Tage danach setzte das Palace Restaurant in Cincinnati »Elefantenlende« auf die Abendkarte.

Auch der zweite Chief hatte einen kurzen Flirt mit Edison. Aus dem *Scientific American*:

Manch einer, der von den Experimenten mit verschiedenen elektrischen Lichtströmen gehört hat, mit denen das Edison-Labor nach einer alternativen Methode zum Hängen sucht, oder diese sogar gesehen hat, wird enttäuscht zur Kenntnis nehmen, dass der große Elefant Chief aus Forepaughs Zirkus, der seiner Bösartigkeit halber zum Tode verurteilt wurde, doch nicht wie versprochen für ein Experiment zur Verfügung stand. Würden die 3000 Volt, die einen Mann, wie man uns berichtet, zuverlässig töten – nicht wenige starben bereits bei geringerer Stärke –, aus-

reichen, um einem Elefanten das Bewusstsein zu trüben und ihn dann zu töten? Es scheint, die Zirkusleute konnten die umfangreichen Vorbereitungen nicht abwarten, die notwendig gewesen wären. Sie knüpften eine Schlinge um Chiefs Hals, reichten die Enden zwei anderen Elefanten und ließen sie in entgegengesetzte Richtungen ziehen, bis der große Elefant tot war.

1890

Am zweiten Morgen dieses Jahres setzte ein Feuer Edisons Kraftwerk in der Pearl Street in Brand. Als es der New Yorker Feuerwehr endlich gelang, es zu löschen, war nur noch ein Jumbo übrig.

Zweihundertsechzehn Tage später wurde William Kemmler, der »Buffalo-Mörder«, im Gefängnis von Auburn in einen Speisesaal geführt. Dort hatten die Elektriker einen schweren Eichenstuhl mit Bolzen im Boden verankert und mit einem Westinghouse-Dynamo verbunden. Sechzehn Monate zuvor hatte Kemmler die Frau, mit der er unter falschem Namen zusammenlebte, mit einer Axt erschlagen, anschließend das Mietshaus verlassen und dabei gemurmelt: *Dafür bekomm ich den Strick.*

Der Wärter schnitt Kemmlers neues Hemd und Jackett entlang der Wirbelsäule entzwei. Er setzte Kemmler eine Gummikappe auf den rasierten Kopf. Die Kappe war mit einem nassen Schwamm ausgestopft, einem sogenannten »Elefantenohr«.

WÄRTER: *Ich habe ihn ermahnt, dass er sterben muss und sprechen möge, so er etwas zu sagen hat.*

KEMMLER: *Mir geht es bereits schlecht genug. Es ist grausam, es mir noch schwerer zu machen.*

GEFÄNGNISARZT: *Möge Gott Sie schützen, Kemmler.*

[Das Stichwort für 1300 Volt, die siebzehn Sekunden lang fließen.]

GEFÄNGNISARZT: *Er ist tot.*

ZAHNARZT ALFRED P. SOUTHWICK: *Mit dem heutigen Tage leben wir in einer höheren Zivilisation.*
EIN ZEUGE: *Sehen Sie – er atmet noch!*
EIN ANDERER ZEUGE: *Grundgütiger, er lebt!*

Ein Elefant im Zirkus der Wallace Brothers schleuderte seinen Dompteur durch das Rund und verjagte dann die Polizisten der Kleinstadt, die versuchten, ihn zu bändigen. Zuletzt sah man ihn in die kalifornische Wüste rennen, danach hat man nie wieder von ihm gehört.

1891

Vier Mörder aus New York, die am 7. Juli auf dem elektrischen Stuhl hingerichtet wurden:

James Slocum (ermordete seine Frau)

Harris Smiler (seine Geliebte)

Shubuya Jugiro (seinen Schiffskameraden)

Joseph Wood (seinen Trinkkumpanen)

Und im Dezember Martin Loppy (seine Frau, mit einer Schere). Er brauchte vier Stromstöße.

1892

8. Februar, Charles McElvaine (einen Lebensmittelhändler). Hingerichtet in einem neuartigen Stuhl, den Edison nach dem Kemmler-Desaster erdacht hatte und in dem die Hände des Verurteilten in flache Schalen mit einer Salzlösung getaucht werden. Die Ergebnisse waren nicht optimal.

1893

6. Januar, die Elefantendame Zip (in deren Magen man eine gut einen Meter lange Eisenkette fand, die sie geschluckt haben musste, als niemand hinsah).

7. Mai, Carlyle Harris (seine Frau, mit Schlaftabletten, ihr Tod war zunächst fälschlich als Schlaganfall diagnostiziert worden).

27. Juli, William Taylor (einen Mithäftling). Beim ersten Stromstoß riss sein zuckendes Bein die Elektrode vom Stuhl. Der dritte Stromstoß zerlegte den Gefängnisgenerator. Taylor starb auf einer Bahre, während die Elektriker versuchten, den Stuhl an das Gleichstromnetz der Stadt Auburn anzuschließen.

Die Niagara-Kommission nahm George Westinghouses Angebot an, für die Stadt Buffalo drei Zweiphasengeneratoren zu bauen, die ihre Energie aus den knapp fünfzig Kilometer entfernten Niaragafällen beziehen würden. Unter den Firmen, die sich mit ihren Angeboten nicht gegen Westinghouse durchsetzen konnten, war auch Edisons Firma General Electric. Und auch die Ausschreibung für die Stromversorgung der Kolumbianischen Weltausstellung in Chicago, der ersten vollständig elektrischen Messe samt einer prächtigen »Weißen Stadt« ganz aus Licht, konnte Westinghouse für sich entscheiden.

NIKOLA TESLA: *Dank Strom vom Niagara wird Buffalo die großartigste Stadt der Welt sein!*

Gegen Ende der Weltausstellung randalierte ein Elefant namens Dolly und pflügte zur Hauptbesuchszeit durch den Midway, die zentrale Allee des Messegeländes. Anderswo auf dem Midway landete ein Zwergelefant in einem Bierfass, trank bis zum Umfallen und starb noch vor der berühmten elektrisch angetriebenen Abschlusszeremonie.

1894
Der Elefant Tip (mit einem Trog vergifteten Hafers)

1895

1. Juli, Robert Buchanan (seine Frau, mit Gift)

1896

11. Februar, Bartholomew Shea (einen Aktivisten der Wahlrechtsreform)

Um Mitternacht am 16. November legte der Bürgermeister von Buffalo an der Niagara-Station einen Schalter um und brachte so Wechselstrom in seine Stadt. Nikola Tesla, der Kopf hinter dem »Mehrphasensystem«, das es dem Strom erlaubt, große Strecken zurückzulegen, hielt an den Wasserfällen eine Rede:

Niagara teilt etwas mit unseren heutigen Gedanken und Bestrebungen. Es steht für die Unterwerfung natürlicher Kräfte im Dienste der Menschheit, die Aufkündigung barbarischer Methoden, die Befreiung von Millionen von Menschen aus Armut und Leid.

Die Elefantendame Gyp tötete im Lauf eines Vierteljahrhunderts mindestens sieben Menschen:

Harry Cooley (in Forepaughs Winterquartier zerquetscht)

George West (auf der Tournee mit Robinsons Zirkus erdrückt)

»Jimmy den Streuner« (in Louisiana erdrückt)

Robert Wise (mit solcher Wucht durch den Raum geschleudert, dass ihm der Bauch aufriss)

William Devoe (als die O'Brien-Show in Poughkeepsie gastierte)

Patsy Hulligan (starb an einer Infektion, nachdem Gyp ihm den Arm abgerissen hatte)

Frank Scott (Löwendompteur)

Gyps Dompteur kam aus dem Urlaub zurück, nachdem das Tier den Löwendompteur erledigt hatte, und Gyp reckte den Rüssel, um ihren Mann zu umarmen. Die Zeitungen zeterten, man solle sie noch vor Jahresende an Edison schicken. Drei Wochen später berichtete die *Times*, der Dompteur habe einen überzeugenden Appell an den Zirkus gerichtet, Gyp zu verschonen und sie lieber *nach Kuba zu schicken, damit sie dort die Reihen der Spanier niedertrampele.*

1897

3. August, auf dem US-Patentamt:

#587649 ELEKTROKUTIONS-STUHL.

Sachbericht

Die Erfindung bezieht sich zum Teil auf einen Elektrokutions-Stuhl, der so gestaltet ist, dass die Kontraktion oder Dehnung verschiedener Muskeln aufgezeichnet wird, während der Strom durch den Körper fließt. Aufzeichnungen dieser Art wären von einigem wissenschaftlichen Interesse und erlaubten eine genaue und aufschlussreiche Beobachtung der Auswirkungen von Hochspannungsstrom auf den menschlichen Organismus. Informationen dieser Art können, wie zu zeigen sein wird, selbstverständlich auf keinem anderen Wege erlangt werden.

Die Pan-Amerikanische Ausstellungsgesellschaft hatte ursprünglich vorgehabt, ihre Weltausstellung – eine Feier des amerikanischen Fortschritts – auf einer Insel im Niagara zu zeigen, ein paar Kilometer stromaufwärts der Wasserfälle. Später einigte man sich stattdessen auf die Stadt Buffalo, die mit ihrem belebten Hafen, den sechsundzwanzig Bahnstrecken und zwölf Dampfschifflinien eine der zehn größten Städte der Union war.

19. Oktober, der Elefant Syd (bei lebendigem Leib angezündet, bis der Zirkus der Gebrüder Robinson und Franklin es sich anders überlegte; dann mit Vaseline behandelt und zurück an die Arbeit geschickt)

1898

Der Kongress sicherte zu, die Pan-Amerikanische Ausstellung mit einer halben Million Dollar zu unterstützen, stellte die Freigabe des Geldes jedoch bis zum Ende des Spanisch-Amerikanischen Kriegs zurück. Präsident McKinley bot seine persönliche Unterstützung an, gelobte, alles in seiner Macht Stehende zu tun, um Buffalo zu helfen. Im Gegenzug versprach die Pan-Amerikanische Ausstellungsgesellschaft, ihre Messe werde die eindrucksvollsten amerikanischen Errungenschaften der letzten hundert Jahre versammeln und als »das elektrische Wunder des neuen Jahrhunderts« in Erinnerung bleiben.

In jenem Frühjahr reiste Barnums Zirkus mit achtzehn Elefanten im Schlepptau auf der *SS Minneapolis* für eine Tournee nach Europa. Bis zur Rückkehr in die Vereinigten Staaten richtete der Zirkus beinahe ein Viertel der Tiere hin:

Don Pedro (in Liverpool mit Schlinge und Block erwürgt)

Nick (in Stoke-on-Trent stranguliert)

Fritz (nach der Flucht in Tours an einen Baum gebunden und erdrosselt)

Mandarin (über dem Wasser erhängt, als das Schiff in New York anlegte; Mandarins Dompteur weinte)

1. August, Martin Thorn (William Guldensuppe)

1899

20. März, Martha M. Place (ihre Stieftochter). Der Wärter in Sing Sing telegrafierte an Gouverneur Theodore Roosevelt, um ihm zu versichern, die weltweit erste gewestinghouste Frau sei *ihrem Schicksal gefasst entgegengetreten.*

1900

Vier Männer starben beim Bau der aufwendigen Topografie der Pan-
Amerikanischen Ausstellung mit ihren Kanälen, ihren gigantischen ge-
schwungenen Pergolas, ihrer »Triumphbrücke«, über die zwei Kutschen
nebeneinander fahren konnten.

Unter den Bauten waren ein nach dem Vorbild einer spanischen Kathe-
drale gestaltetes Loblied auf die US-Regierung, ein feuerfestes Kunsthaus
und der regenbogenbunte Midway mit Pfeilern, Säulen und Kuppelbau-
ten, die Platz für Aussteller aus aller Welt boten. Der Musiktempel war
mit 2200 Sitzplätzen und einer der größten jemals gebauten Orgeln ausgestattet. Eine Menagerie mit Tieren aus sechs Kontinenten – darunter
gezähmte und wilde Exemplare – sollte in einer gigantischen Arena Platz
finden.

Und im Zentrum der Anlage, getragen von einer riesigen Fontäne, der ein-
hundertzwanzig Meter hohe, mit elftausend Edison-Glühbirnen bedeckte
»Elektrische Turm«.

Das 19. Jahrhundert war mit jedem Jahr tödlicher geworden. Im März berichtete der *New York Herald*, mindestens ein Dutzend Elefantendomp-
teure seien seit dem vergangenen Frühjahr von ihren Tieren getötet worden. Über den Tod von Elefanten um die Jahrhundertwende dagegen
wurde offenbar nicht Buch geführt:

Der Elefant Tom, getötet im Central Park (vergiftete Kleie)

Dick, der tanzende Elefant, auf dem Madison Square, nachdem er
sich nicht mehr vom Fleck rühren ließ (stranguliert)

Der Elefant Nero, in Rancine, Wisconsin, zu Tode gejagt (Mistgabeln)

Der Elefant Sport (an einem Lastkran gehängt; das Ganze wurde
von einem Neuling in der amerikanischen Zirkuswelt beaufsich-
tigt: dem Engländer Frank »Der König der Tiere« Bostock)

1901

In den Monaten vor der Pan-Amerikanischen Ausstellung erreichten 1045 Zugwaggons Buffalo, beladen mit allem, was für die Messe gebraucht wurde. So berichtet die *Associated Press* am 17. März:

Zweihundert Tiere, die sich derzeit in Obhut einer Menagerie befinden und weiter zur Pan-Amerikanischen Ausstellung reisen sollen, haben Baltimore erreicht. Sie kamen auf zwei Dampfschiffen und haben einen Gesamtwert von 100000 Dollar. Darunter sind zwei indische Elefanten, zwei afrikanische Zebras, fünf abessinische Hyänen, zwei ostindische Jaguare, fünf ostindische Leoparden, drei königlich-bengalische Tiger, sechs Eisbären, zwei Lippenbären aus den Bergen des Himalaya, zwei indische Kasuare, zwei afrikanische Emus, indische Yaks, sechs afrikanische Strauße, drei afrikanische Löwen, drei afrikanische Löwinnen, zwei nubische Löwen und Löwinnen, eine afrikanische Giraffe, drei südamerikanische Panther, eine Kiste mit ostindischen Schlangen, Pythons, Anakondas, Boa constrictor etc.; 100 Vögel und Affen aller Art und Größe aus Afrika, Indien, Gibraltar und Ceylon.

21. April, in den *Buffalo Evening News*:

»Big Lil«, ein gewaltiger Elefant, fünf heilige Affen und 12 heilige Kühe, allesamt Bestandteil von Bostocks Wildtierschau, erreichten Buffalo heute früh.

Die Leitung dieser Schau sucht 100 Maultiere, deren Besitzer es nicht kümmert, was mit ihren Tieren geschieht.

25. April in Peru, Indiana: Der Elefant Big Charley ertränkte einen Dompteur – es war der vierte Mensch, den er tötete. Eine aufgebrachte Menge jagte ihn durch die Straßen Perus hinaus auf ein Feld, wo sie ihm Zyanid-Äpfel hinwarfen, bis er umfiel. Zwölf Jahre lang bewahrte die Stadt seine Überreste auf, bis eine Überschwemmung mit Ausnahme seiner Stoßzähne alles davontrug.

Am 1. Mai schickte Thomas Edison ein Filmteam nach Buffalo, um die Eröffnungszeremonie der Pan-Amerikanischen Ausstellung und sämtliche Sehenswürdigkeiten festzuhalten, mit denen sich in seinen Kinetoskop-Salons überall im Land ein paar Münzen verdienen ließen. *Die Pan-Amerikanische Ausstellung bei Nacht* der Edison-Studios ist ein atemberaubendes einminütiges Panorama: der Musiktempel im Licht der untergehenden Sonne, dann weiter Richtung Osten zum Elektrischen Turm, während der Himmel sich verdunkelt. Ein Scheinwerfer schickt einen gewaltigen Lichtstrahl von der »Laterne« oben auf der Turmspitze durch die Nacht, und die Konturen aller Gebäude leuchten glühbirnenhell. Im kräftigen Schwarz-Weiß-Kontrast des frühen Filmmaterials wirkt die Skyline der Expo wie ein Röntgenbild ihrer selbst.

Vizepräsident Roosevelt las bei der offiziellen Ausstellungseröffnung am 20. Mai ein Telegramm von Präsident McKinley vor, der den Feierlichkeiten persönlich hätte beiwohnen sollen, die Reise jedoch wegen einer Erkrankung seiner Frau verschoben hatte. *Ich hoffe aufrichtig, dass sich diese großartige Ausstellung als Segen für jedes einzelne Land unserer Hemisphäre erweist*, schrieb der Präsident. Sein Besuch in Buffalo, berichteten die Zeitungen, sei für September geplant.

Für die Midway Day Parade am 24. Juli schnallte Frank »Der König der Tiere« Bostock seiner Star-Elefantendame Big Lil einen Löwenkäfig auf den Rücken. Big Lil war dem Hörensagen nach eine weitere Liebschaft des berüchtigten Jumbo gewesen, der inzwischen seit fünfzehn Jahren tot war. Bostocks neuer Elefantenbulle, Jumbo II., befand sich noch nicht in Buffalo, aber seine Geschichte war ihm vorausgeeilt: ein abessinischer Kriegsheld, von der kürzlich verstorbenen Königin Victoria mit einer Medaille ausgezeichnet. Auf seinem Weg nach Buffalo war Jumbo II. Berichten zufolge mit Kokoslikör betäubt worden und hatte auf der Zugrampe in betrunkenem Zustand ein Pferd getötet.

26. Juli, in den *Buffalo Evening News*:
Neunundzwanzig kräftige Zugpferde bewegten den Wagen, mit dem Jumbo II. transportiert wurde. Schaulustige säumten die Straßen von dem Lagerhaus zwischen Carroll und Chicago Street bis zum Ausstellungsgelände. Den Elefanten hatte man in eine riesige Holzkiste gepfercht, aus der nur seine Ohren herausragten. Gleichwohl war es dem beiläufigen Betrachter ein Leichtes, allein an der Größe der Kiste und daran, wie sie das Tier ganz offensichtlich beengte, zu erkennen, dass er ein würdiger Träger des Namens Jumbo war.

10. August, ebenfalls in den *Buffalo Evening News*:
Der Präsident der Vereinigten Staaten wird am 4., 5., 6. und 7. September in Buffalo weilen, um die Pan-Amerikanische Ausstellung zu besuchen. Eine entsprechende Vereinbarung wurde am gestrigen Tage zwischen ihm und Vertretern von Stadt und Ausstellung in Canton getroffen.

Im heißesten Monat des Jahres besuchten täglich vierzigtausend Schaulustige die Ausstellung. Und inmitten des Trubels machte das – vermutlich von Frank Bostock in die Welt gesetzte – Gerücht die Runde, dass sich zwischen Big Lil und Jumbo II. eine Romanze entspann.

29. August, im *American Journal of Education*:
Der kolossalste und massigste aller jemals in Gefangenschaft gehaltenen Dickhäuter ist nun in Bostocks Tierarena auf der Pan-Amerikanischen Ausstellung zu sehen und als Jumbo II. bekannt.

Bei Ausbruch des abessinischen Krieges wurde Jumbo II., der damals noch Rostum Single hieß, zusammen mit neunzehn anderen deportiert. Obwohl schwer verwundet, gab er seine Position nicht auf, während Schüsse und Granaten in alle Richtungen flogen, trompetete gellend und hielt die Herde beieinander, die andernfalls die Flucht ergriffen hätte.

Präsident McKinleys Terminplan für seinen Expo-Besuch am 6. September:

8:15 Uhr – Abfahrt am Milburn-Haus.

11:15 Uhr – Ankunft Niagarafälle.

12:05 Uhr – Lunch im International Hotel.

14:00 Uhr – Rundgang im Niagara-Maschinenhaus.

16:00 Uhr – Ankunft am Musiktempel zum öffentlichen Empfang.

16:07 Uhr – *Er sagte, dass er angestanden habe, dass er den Revolver in der rechten Hand gehalten und mit einem Taschentuch verdeckt habe und dass er Hand und Revolver in seine rechte Jackentasche gesteckt und dort belassen habe, bis er zu jener Stelle im Musiktempel gelangte, wo die Menge in eine einspurige Reihe gelenkt wurde. Dann zog er den Revolver unter dem Tuch verborgen aus der Tasche und hielt die Hand vor seinem Bauch, und als er dem Präsidenten gegenüberstand, feuerte er.*

Im Musiktempel wurde der »Feigling« Leon Czolgosz sofort von einem zwei Meter großen Kellner, der hinter ihm in der Präsidentenschlange stand, zu Boden geworfen, entwaffnet und gewürgt. Ein anderer Zuschauer hielt den Kellner zurück, und ein Geheimdienstmitarbeiter zog Czolgosz aus dem Tempel und schlug ihm so heftig ins Gesicht, dass er blutete. Nach dem Gerichtsprozess wurde er auf dem Weg zum Gefängnis von Auburn von einer wütenden Meute attackiert, die auf dem Bahnsteig auf ihn gewartet hatte. Als er seine Zelle erreichte, hing seine Kleidung in Fetzen an ihm herab und er konnte kaum laufen.

Die Lampen im Notfallkrankenhaus der Expo waren so schwach, dass OP-Helfer einen Spiegel über den Präsidenten halten mussten, um Sonnenlicht einzufangen. Auf der Messe wurde ein Röntgengerät ausgestellt, an dem Edisons Entwickler vier Jahre lang gearbeitet hatten, und so beeilte sich ein Ingenieur, das Gerät vom Midway zu dem Gebäude zu schaffen, wo McKinley lag. Man fand einen Messebesucher von der Statur des

Präsidenten, der bereit war, eine halbe Stunde lang in der elektrischen Fluoreszenz zu sitzen, und tatsächlich entdeckten die Röntgenstrahlen eine Münze, die man zwischen den Rücken des Mannes und die Stuhllehne gesteckt hatte. Sie hätten möglicherweise auch die Kugel entdeckt, die in McKinleys Unterleib verloren gegangen war, hätten die skeptischen Mediziner der neumodischen elektrischen Maschine vertraut.

Der Film der Edison-Studios vom 15. September trägt den Titel *Präsident McKinleys Leichenzug in Buffalo, New York*. Er ist sieben Minuten lang und setzt mit einer langsam marschierenden Militärkapelle ein, die ihre Instrumente gesenkt hält. Es folgt ein langes Fahnenkommando und dann reihenweise Soldaten. Dann Pfadfinder. Dann mehrere zweispännige Kutschen. Und schließlich der blumengeschmückte Sarg in einer Kutsche mit Glastüren, die von vier dunklen Pferden gezogen wird. Als der Sarg herausgehoben wird, nehmen die Männer trotz des Regens die Hüte ab.

30. September, in dem Fotoband *Schnappschüsse vom Midway*:
Es gibt ein boxendes Känguru, das beinahe so intelligent ist wie ein Mensch und mitunter sogar präziser. Und neuerdings den größten in Gefangenschaft lebenden Elefanten, Jumbo II. – kürzlich noch in Diensten seiner Majestät in Indien –, der Menschen getötet und Sänften getragen hat, ein wandelnder Berg mit einem Gewicht von neun Tonnen.

29. Oktober, in den *Buffalo Evening News*:
Heute Morgen um 7:12:30 Uhr zahlte Leon Czolgosz, der Mörder von Präsident McKinley, die äußerste Strafe, die das Gesetz für sein Verbrechen fordert. Mit Stromschlägen von 1700 Volt wurde er exekutiert. Er näherte sich dem Stuhl in genau der gleichen Weise, wie es die Mehrzahl der Mörder in diesem Staate getan hat, ohne jedes Anzeichen von Angst, vielmehr tat er, was nur wenige vor ihm getan haben, denn er sprach mit den Zeugen, während er auf den Stuhl gebunden wurde.

»Ich habe den Präsidenten umgebracht, weil er ein Feind der guten Leu-
te war – der hart arbeitenden Leute. Ich bereue mein Verbrechen nicht.«

In der letzten Messewoche hieß es, mangelnder Platz im Backstage-Bereich
von Bostocks Arena habe Jumbo II. »hässlich« werden lassen. Wie der *Buf-*
falo Daily Courier berichtete, versuchte er, zwei seiner Wärter mit dem
Rüssel zu töten, wobei er Charles Miller den Arm brach und Henry Mul-
len mit mehreren Verletzungen ins Krankenhaus schickte. Laut Bostock
hätten die Männer nicht überlebt, wären die Beine des Elefanten nicht
fest angekettet gewesen.

Der Tropfen, der das Fass zum Überlaufen brachte, war entweder der
Moment, in dem Jumbo II. (angeblich) zum Schlag gegen die elfjährige
Tochter eines Verkäufers auf dem Midway ansetzte, oder jener, als er (an-
geblich) zum Schlag gegen Bostock selbst ansetzte.

Aufgrund von Regen, Wind, Attentaten etc. war die Expo nicht ansatz-
weise so lukrativ, wie »Der König der Tiere« es sich ausgemalt hatte. Noch
dazu war sein menschlicher Star, die »Puppendame« Chiquita, gerade mit
einem Kartenabreißer durchgebrannt und verklagte ihn auf zwanzigtau-
send Dollar. Bostock ließ die Welt wissen, er sei nicht in der Stimmung,
sich von einem hässlichen Elefanten zum Narren halten zu lassen.

2. November, in den *Buffalo Evening News*:
Die Pan-Amerikanische Ausstellung ist zu Ende. Um Mitternacht drück-
te Ausstellungspräsident Milburn einen elektrischen Knopf, der über
Kabel mit dem Rheostat verbunden war und dafür sorgte, dass die
160 000 Glühbirnen auf dem Gelände für immer verloschen. Es war
eine schlichte, jedoch höchst feierliche Zeremonie.

Die Ausstellung starb einen offenbar schmerzfreien Tod.

Begleitet wurde das Ende der Expo – und die Verdunklung ihrer Magie – unerwarteterweise von einem flächendeckenden Aufruhr. Spät am »Buffalo-Tag« eskalierten die Abschlussfeierlichkeiten mit Gesang, Tanz und dem Necken von Kamelen und Elefanten in Bostocks Arena, und plötzlich gingen Fensterscheiben zu Bruch, wurden Statuen vom Sockel gerissen. Die Meute zerbrach jede Glühbirne, die sie zu fassen bekam, auf den Ziegelsteinen des Midways. Hooligans rissen meterweise Gebüsch aus, um sich Ruten zu machen, mit denen sie Frauen ins Gesicht schlugen – Extrapunkte, wenn die Püppchen bluteten. Randalierer beiden Geschlechts stopften einander Händevoll herumliegenden Konfettis in die Kehle.

Am 3. November schätzten die *Buffalo Evening News*, zehntausend Menschen hätten sich an dem Chaos beteiligt:

Kein einziger der geistesgestörten Patienten des staatlichen Krankenhauses hatte sich am Samstagabend auf das Gelände der Pan-Amerikanischen Ausstellung verirrt, doch angesichts des mutwilligen Vandalismus, der dort tobte, liegt die Vermutung nahe, dass einhundert oder mehr Verrückte sich in der Gegend zu schaffen gemacht haben.

Es sah aus, als sei eine riesige Elefantenherde darüber hinweggezogen.

Am 4. November verstopften die Überreste der Randale immer noch den Midway, als Frank Bostock bekannt gab, das *wahre* Ende der Expo, der Tod eines »hässlichen« Elefanten, stehe erst noch bevor, um 14:30 Uhr werde er *höchstwahrscheinlich gehängt oder mit Ketten erwürgt*. Tickets wurden für einen halben Dollar verkauft, Kinder ermäßigt. Sonderzüge zum Expo-Bahnhof wurden eingesetzt. Buffalos Amtsträger flehten Bostock an, es sich noch einmal zu überlegen.

Noch am selben Tag in der *Wilkes-Barre Times*: UNERWARTETE VORSTELLUNG AUF DEM BUFFALO MIDWAY.

Der Film *Hinrichtung von Czolgosz nebst Panorama des Gefängnisses in Au-burn* der Edison-Studios wurde erst elf Tage nach dem Tod des Attentäters fertiggestellt. Der Film ist halb wahr, halb erfunden. Er zeigt zunächst Bil-der der Gefängnismauern von außen, die tatsächlich am Tag der Hinrich-tung aufgenommen wurden, jenem Gefängnis, in dem die erste Eletro-kution überhaupt stattgefunden hatte und wo Dutzende gewestinghoust wurden, bis 1914 alle staatlich sanktionierten Tode auf New Yorks zwei-ten elektrischen Stuhl – »Old Sparky« in Sing Sing – verlegt wurden. Die Bäume in der ersten Einstellung sind genau die Bäume, auf die an jenem Tag Männer und Jungen kletterten, um nach Möglichkeit einen Blick auf den sterbenden Czolgosz zu werfen.

Doch nach diesem Panoramaschwenk gibt es einen Schnitt, und die Ka-mera zeigt einen Raum mit einer Ziegelwand. Gefilmt wurde nicht in Au-burn, sondern mit Schauspielern in Edisons Studios in Manhattan, knapp fünf Kilometer von der Gegend um die Pearl Street entfernt, die Edison zwanzig Jahre zuvor mit elektrischem Strom versorgt hatte.

Die falschen Wächter binden den falschen Attentäter eilig am Stuhl fest, alle vier schnallen hier und befestigen dort. Der Schauspieler, der Czol-gosz spielt – Czolgosz II., wenn man so will –, trägt eine Augenbinde, wäh-rend der echte Czolgosz in seinen letzten Minuten eine Kapuze über dem Gesicht hatte. Ein offiziell aussehender Mann hebt einen Finger, und je-des Mal, wenn er das macht, tut ein Schauspieler im Türrahmen so, als lege er hinter der Wand einen Schalter um. Czolgosz II. atmet ein, als die 1700 Volt Wechselspannung ihn (nicht) durchströmen, und erhebt sich kerzengerade aus dem Stuhl. Beim zweiten und dritten Als-ob-Strom-schlag reckt er sich etwas weniger in die Höhe und sackt schließlich in sich zusammen.

Jumbos II. Bestrafung begann als Wasser, das sich ein paar Kilometer oberhalb der Fälle bewegte. Am Grund eines Kanals, den man in den Niagara gegraben hatte, drehten sich anderthalb Meter große Räder im flüssigen Strom. Ihre Bewegung versorgte die einundzwanzig Dynamos im kalksteinernen Maschinenhaus mit Energie, und diese Energie verwandelte den flüssigen Strom in Blitze, die Transformatoren durchliefen und sich dort zu überlagerten Wellen verstärkten – von 2200 wechselnden Volt. In Leitungen dick wie Marmeladengläser schossen die Blitze fast fünfzig Kilometer landeinwärts bis zur halb abgebauten Messe, hinein in die laute Arena, wo sich der »König der Tiere« seinem Elefanten zuwandte.

11. November,
im *Fort Worth Morning Register:* *HAT IHN NICHT GETÖTET*
im *Kansas City Star:* *KONNTE DEN ELEFANTEN*
 NICHT TÖTEN
in der *Kalamazoo Gazette:* *JUMBO II. NOCH AM LEBEN*
im *San Francisco Call:* *ZWEITAUSENDZWEIHUNDERT*
 ELEKTRISCHE VOLT SCHAFFEN
 ES NICHT, JUMBO AUF
 AUSSTELLUNG ZU TÖTEN:

Jumbo war auf einem Holzpodest angekettet. Elektroden von der Größe eines mächtigen Schwamms waren hinter seinen Ohren und am unteren Ende seiner Wirbelsäule angebracht. Die Verantwortlichen hatten nur für 2200 Volt gesorgt. Der Stromschlag wurde sechsmal wiederholt. Jumbo wedelte mit seinem Schwanz, riss das Podest mit seinem Rüssel auf, sah zufrieden aus und trompetete ein wenig. Die Stromstöße hatten ihn ganz einfach gekitzelt. Jumbo warf lediglich einen Rüsselvoll Staub über seinen Rücken und weigerte sich zu sterben.

Nach diesem gescheiterten Tötungsversuch wurde Jumbo aus seinem Geschirr befreit und zurück in sein Quartier geführt. Das Strombad hatte ihm nichts anhaben können.

Elektriker erklärten den Misserfolg damit, dass Jumbos Haut widerständig wie Gummi sei und so einen stromabweisenden Nichtleiter bilde. Andere waren der Meinung, dass wenn 1800 Volt nötig seien, um einen Menschen zu töten, 2200 Volt folglich nicht ausreichen, um einen Elefanten zu töten.

Am 17. November berichtete der *Charlotte Observer*, dass Bostock mit einem mexikanischen Förderer von Stierkämpfen über den in Ungnade gefallenen Jumbo II. verhandele. Der letzte überlieferte Stierkampf, der dazu diente, einen Elefanten zu exekutieren, hatte rund zweitausend Jahre zuvor im römischen Kolosseum stattgefunden. Stattdessen blieb Jumbo II. in den Vereinigten Staaten und wurde bald darauf an einen Gläubiger in Manhattan Beach, Ohio, geschickt. Bostocks zweiter Elefant landete zusammen mit der Geisterbahn »Reise zum Mond«, einer weltberühmten Attraktion der Ausstellung, in Coney Island.

Gegen Ende des Jahres riss ein Tiger Frank Bostock den rechten Arm ab, als dieser versuchte, eine Artistin zu retten, die beinahe zerfleischt worden wäre. Auf Anfrage der Presse erklärte Bostock, den Tiger treffe keine Schuld.

1903

Obwohl sein Name auf der Titelkarte jedes Kinetoskop-Films genannt wird, ist es unwahrscheinlich, dass Edison selbst viel mit den Kurzfilmen der Edison-Studios zu tun hatte. Der Wechselstrom war mehr oder weniger als Sieger aus dem Stromkrieg hervorgegangen; es ist also denkbar, dass Edison von dem geplanten Film *Elefant unter Strom* nichts wusste. Es ist ein live gedrehter einminütiger Kurzfilm über die erste Elefantendame – und das zweite Weibchen irgendeiner Spezies überhaupt –, die für ihre Verbrechen zum Tod durch Stromschlag verurteilt wurde.

Irgendwo in den Hafenanlagen rund um den Luna Park von Coney Island stellt das verurteilte Tier die Füße auf eine Kupferplatte. Sobald diese mit 6000 Volt Wechselstrom befeuert wird, fängt sie unter den festgebundenen Füßen zu qualmen an. Der Rauch hüllt die Elefantenkuh ein, ihr Rüssel wird steif und ihre ganzen fünf Tonnen kippen nach vorn.

In ihrer Jugend hatte Amerika sie den »Kleinen Elefanten« genannt – eines von vielen Tieren mit dem immergleichen niedlichen, provisorischen Namen.

25. Juni, in der *New York Times: ELEFANTEN-ZWILLINGE GEBOREN: Von Big Liz, der einzigen Elefanten-Dame in Bostocks Sammlung im Sea Beach Palace, Coney Island. Einer der Zwillinge lebte nur kurze Zeit, doch der andere wird vermutlich überleben.*

Die Zwillinge wurden zwischen 16 und 16:30 Uhr in jenem Stall geboren, den Big Liz üblicherweise bewohnt. Sofort errichtete man Leinwände um sie. Die Kleinen nannte man umgehend Shamrock III. und Reliance. Es war Reliance, der starb.

Der Vater der Kleinen ist Jumbo II., den Liz vor zwanzig Monaten bei der Pan-Amerikanischen Ausstellung getroffen hatte. Wie man hört, stirbt Jumbo II. derzeit an einer Blutvergiftung in Cleveland, Ohio.

Und am 29. November, in *Billboard*, wovon manches vermutlich stimmt:
Jumbo II., Bostocks großer Elefant, den man im letzten Sommer im Rah-
men einer Pfändung vonseiten eines Gäubigers in Manhattan Beach,
Cleveland, O., zurückgelassen hatte, lebt nicht mehr.

Vor rund einer Woche wies er Anzeichen einer Krankheit auf.

VIER PFERDE

(Equus ferus caballus)

1904 1961 1995 2012

WILBUR: Ich versteh's einfach nicht!
MISTER ED: Versuch's gar nicht erst. Es ist größer als wir beide.

DER KLUGE HANS (1904)

Herrn von Osten zufolge begann alles mit einem Kätzchen, einem Bären-jungen und einem Pferd. Wochenlang griff der pensionierte Lehrer sich ihre pelzigen Gliedmaßen und klopfte damit *eins, zwei, drei* auf den Bo-den, wobei er die Zahlen laut aufsagte – *eins, zwei, drei, eins, zwei, drei* –, in der Hoffnung, dass irgendetwas davon im Tierhirn hängenbliebe. Das Kätzchen und der Bär taugten nichts, aber das Pferd schien es zu kapieren.

Hans lernte, mit seinem rechten Huf *eins, zwei, drei* zu klopfen, dann *eins, zwei, drei* auf Kommando zu verdoppeln, indem er sechsmal klopfte, dann fünf abzuziehen und nur noch *eins* zu klopfen. Und mit der end-losen Geduld, die störrischen Schuljungen vorbehalten ist, ging Herr von Osten noch einen Schritt weiter. Es dauerte Jahre, doch er brachte dem Pferd Brüche und Dezimalstellen bei, dann Farben und die Wochentage. Das Alphabet klopfte er auf einem speziell angefertigten Podest. Er klopf-te Tonleitern, den Unterschied zwischen einem Stroh- und einem Filzhut und jede Menge andere menschliche Praktiken, die nur selten mit »den niederen Arten« geteilt werden.

Bald füllte sich sein Hinterhof im Norden Berlins täglich zur Mittags-zeit. Feine Herren in der Mittagspause, pflichtvergessene Lieferjungen und Damen mit Sonnenschirmen drängten sich um den großen Orlow-Traber und Herrn von Osten in seinem langen Mantel und Schlapphut. Häufig ermunterte er die Zuschauer, dem Pferd selbst Fragen zu stellen, und bat nur darum, sie mit leiser Stimme vorzubringen:

Was sind die Teiler von neunundvierzig?

Wenn der dritte Tag eines Monats auf einen Mittwoch fällt, welcher Tag und welches Datum folgt zwei Wochen später?

Ist dies ein angenehmer Akkord? Nein? Welchen Ton sollte ich also auslassen?

Ich denke an eine Zahl. Ziehe ich vier davon ab, erhalte ich achtzehn. An welche Zahl denke ich?

Eine staatlich anerkannte Schar aus Zoologen, Adligen und Zirkusleuten versammelte sich im Hinterhof, um die Vorstellung zu entlarven, entlarvte jedoch nichts. Inzwischen sah die ganze Welt zu: Zeitungen in Europa und in Nordamerika berichteten über »BERLINS WUNDERPFERD: Es kann fast alles außer Sprechen«. Selbst der Zirkusprofi der Hans-Kommission, der den einen oder anderen Pferdetrick kannte, musste seine Verwunderung eingestehen. Herr von Osten, so kam man überein, war ein Ehrenmann; und das Pferd Hans habe man von vorn bis hinten untersucht und keinerlei Anzeichen von Betrug gefunden. Den Zeitungen gegenüber erklärte die Kommission, der neun Jahre alte Wallach müsse das Hirn eines zwölfjährigen Kindes haben.

Vor sehr langer Zeit, als unsere Welt noch nicht auszumachen war, glichen sich die Gehirne von Mensch und Pferd. Wann genau das war, wissen wir nicht – irgendwann in einer Zeitspanne von rund vierunddreißig Millionen Jahren –, aber irgendwann einmal waren wir eins: kleine, rattenartige Wirbeltiere mit scharfen Mäulern und empfindlichen Augen. Wir dachten dasselbe und versteckten uns im Gebüsch unseres seltsamen und grünen Planeten vor den riesigen Tieren, die ihn beherrschten. Dann schlug ein Asteroid ein, fast alle starben, in das üppige Grün mischten sich Tupfer von Früchten und Blumen, und als wir sie aßen, veränderten sich unsere Körper. Wir kamen aus dem Unterholz gekrochen und wurden zu vielen verschiedenen Lebewesen, ein jedes versunken in die eigenen Gedanken.

Der Psychologe der Hans-Kommission sandte einen seiner Laborassistenten, einen Herrn Pfungst, erneut in den Hinterhof, um weitere, umfassendere Tests durchzuführen. Herr Pfungst ließ ein Zelt aufbauen und schickte die Zuschauer fort; irgendwann schickte er auch Herrn von Osten hinaus. Hans legte er Scheuklappen an, verschloss ihm Ohren und Nüstern und stellte ihm rückwärts formulierte Fragen. Es dauerte Monate, doch schließlich entdeckte der Mann ein Muster. Konnte Hans seinen Befrager nicht sehen, war seine Antwort nicht korrekt. Das Pferd suchte nach der Stimme, die ihm die Frage stellte, kaute Luft und gab dann seine Standard-Antwort: *eins, zwei, drei*. Mitunter klopfte er mit seinem Huf einfach immer weiter, wie ein verunsichertes Metronom. Und Herr Pfungst fand heraus, dass das Pferd immer dann falsch klopfte, wenn ein Mensch eine Frage stellte, ohne selbst die Antwort zu kennen. Es war das menschliche Wissen – die im menschlichen Hirn verankerte Antwort –, das Hans auf irgendeine Art verstehen konnte.

Jahrelang hatte das Pferd im Hinterhof menschliche Körper beobachtet, wie sie sich anspannten und wieder lösten. Von innen her strafften sie sich, je näher er der magischen Anzahl von Klopfern kam, und entspannten sich, sobald er die richtige Zahl erreichte. Dann gab es eine Möhre für Hans, ein Stück Brot oder Zucker und – auch wenn dies ihm nicht viel zu bedeuten schien – eine Runde Applaus. Herr von Osten hatte Hans nicht etwa Algebra oder Worte beigebracht; akribisch hatte er ihn die Geheimsprache jener Körper gelehrt, die mit Argusaugen über ihn wachten. Was Hans wirklich gelernt hatte: Das Klopfen mit den Hufen wurde nur dann belohnt, wenn er die feine Anspannung eines Menschenkörpers lesen konnte, der Befriedigung erwartet.

Pfungst fand heraus, dass er sich selbst so manipulieren konnte, dass Hans eine falsche Antwort gab. Er fragte das Pferd: *Wie viel ist zwölf mal drei?*, und konzentrierte sich dann mit aller Kraft auf die Zahl achtundzwanzig. Er beobachtete Hans' klopfenden Huf und ließ sich selbst dabei erst hoffen und dann glauben, das Pferd nähere sich der falschen Antwort, die er im Kopf hatte.

Doch wenn ein Mensch sich eine brennende Achtundzwanzig in den

Kopf setzt und mit vollem Herzen darauf zuhält – bis ein Pferd sie in seinen Fäusten und Füßen, in seinem Atem und Gesicht lesen kann –, wie könnte diese Zahl jemals falsch sein?

BAMBOO HARVESTER (1961)

Das Pferd in der ersten Pilotfolge von *Mister Ed* war ein dunkelgelbes Quarter Horse mit einem harten Maul und wenig Interesse an neuen Tricks. Als der Pilot floppte, stellten die Filmways Studios für den neuen Dreh so gut wie alles um: Wilbur wurde noch trotteliger, seine Frau noch blonder, es gab einen neuen Nachnamen und ein nagelneues Pferd. Dieses Mal war es ein Palomino – wie das berühmte Filmpferd Trigger –, und zwar gekauft, nicht gemietet.

Vier Bundesstaaten hatten sie abgesucht, bevor sie fündig wurden. Zwei Wochen nach dem Kauf war er bereits kastriert und unter neuem Namen registriert. Der war um einiges einprägsamer als »Bamboo Harvester«, ein passender Name für das Pferd von nebenan, und damit wie gemacht für die Hauptsendezeit im Jahr 1961. Das Pferd kostete das Studio eintausendfünfhundert Dollar. Jede Wette, dass sie sich seine Zähne sehr genau angesehen haben.

Ein Pferdemaul steckt voller Informationen; deswegen schaut man einem geschenkten Gaul nicht hinein. Im Grunde ist es eine Art Preisschild, lassen sich doch Alter, Pflege, Futter und Temperament davon ableiten. Die Rillen in den Backenzähnen zeigen, was er gekaut hat: Hafer oder Korn oder aus harter Erde gezupfte sandige Gräser. Ein dunkler Streifen am Zahnfleischrand würde verraten, dass er seine besten Jahre hinter sich hat, »Grübchen« in den Kauflächen weisen auf ein junges Tier hin. Gut geschliffene Backenzähne bedeuten, dass es pfleglich behandelt wurde.

Davon abgesehen, erzählt ein Pferdemaul eine zehn Millionen Jahre alte Erfolgsgeschichte. Epochen schufen dieses Maul, der Planet veränderte sich von Eozän zu Oligozän zu Miozän und mit ihm veränderten sich auch die Pferde. Als sich die Erde abkühlte und Steppen wuchsen, wo zuvor Dschungel war, verlängerte sich das Pferdemaul, um Platz zu schaffen für kleinere Schneidezähne, mit denen sich besser Futter zupfen ließ, und eine dahinter gelegene Backenzahnfabrik. Die wiederum drückte die Augen näher an die Ohren und ließ das berühmte lange Gesicht entstehen. Mit den hinteren Zähnen begann die Verdauung bereits im Maul – was schnelle Energie und heiß laufende Gedanken bedeutete –, und sie erlaubten es dem Stirnlappen zu wachsen, womit eine erhöhte Feinfühligkeit des Gesichts einherging. Eines der großen Wunder der Biologie von Säugetieren, das bald grinsend das Cover der Fernsehzeitschriften zieren sollte.

Mister Ed nimmt den Telefonhörer ab, um Clint Eastwood anzurufen. Mister Ed schwingt einen Schläger und besiegt Wilbur im Tischtennis. Mister Ed zieht einen Fisch an Land, tippt seine Memoiren, gewinnt beim Bowling, klaut Wilburs Portemonnaie, lässt einen Sittich frei, küsst sein Spiegelbild und singt den Hit »Pretty Little Filly with the Pony Tail« – und das alles mit seinem fabelhaften Maul. Und natürlich kann Mister Ed sprechen.

Seine vierte Textzeile in der neu gedrehten Pilotepisode lautet »How now, brown cow« (in der deutschen Synchronisation »Nanu, nanu, 'ne bunte Kuh«), ein Wortspiel, das ein bisschen Stallgeruch transportieren sollte, doch kein Rind könnte diesen Zungenbrecher bewältigen, weil das Maul einer Kuh für Herausforderungen dieser Art nicht gemacht ist. Kühen dienen ihre Lippen vor allem als Zahnschutz, doch Pferdelippen sind wesentlich ehrgeiziger. Sechs lange Muskeln ziehen in mehrere Richtungen. Die Oberlippe kann greifen und ist beinahe erschreckend sensibel – sie soll nicht nur nach Essbarem schnappen, sondern es auch aussortieren. Je beweglicher ihre Mäuler wurden, desto stärker kultivierten Pferde ihre Lippen als samtene Sozialinstrumente, mit denen sich kneifen und schnüffeln und die Stimmung ausdrücken lässt. So viel Pferdekultur hängt ab von diesen genialen Mäulern.

Die alte Leier, Eds Trainer habe ihm Erdnussbutter auf das Zahnfleisch geschmiert, stimmt allenfalls zur Hälfte. Und das Gerücht, man habe ihm einen elektrischen Stock in den Hintern gesteckt? Auch Unsinn. Am ehesten wurde wohl mit einem durchsichtigen Nylonfaden unter Mister Eds Lippe gearbeitet, den er auf Kommando loszuwerden versuchte. Auf ein anderes Signal (vielleicht ein Klaps mit einer Gerte auf eine hintere Fessel) schloss er das Maul. So lief es jedenfalls die ersten Folgen, bis sich das Pferd – stets mit Blick auf die Befehle seiner Leute – weiterentwickelte.

Zwischen der ersten und der zweiten Staffel verändern sich Mister Eds Sprechkünste merklich. Anfangs macht er viel mehr; er öffnet das Maul, streckt die Zunge nach Wilbur aus und kaut seine Zeilen. Doch Episode um Episode reduziert Ed die Bewegungen, hält die Zähne geschlossen und wackelt nur noch mit den Lippen. Der zweitklassige Film-Cowboy allerdings, der Eds Stimme lieferte, änderte an seiner schleppenden Intonation nicht das Geringste.

Für dieses unauffälligere Sprechen brauchte es keine Fäden mehr, da das Pferd inzwischen allein auf ein Berührungssignal reagierte. Und am Ende der Serie, die fünf Jahre lang lief, war nicht einmal mehr die Gerte erforderlich. Ed hatte begriffen, dass er die Lippen bewegen sollte, sobald er mit Wilbur allein war und Wilbur zu sprechen aufgehört hatte.

1994 veröffentlichte Alan Young, der Schauspieler, der Wilbur verkörperte, seine Lebensgeschichte, die mindestens zur Hälfte aus Ed-Anekdoten bestand. »Trotz meiner anfänglichen Zweifel«, schreibt Young, »sollte sich die Arbeit mit einem Pferd als das große Glück meines Lebens erweisen.« Er erinnert sich an Ritte auf dem Gelände mit Eds Trainer. Während Young im Sattel plauderte, beobachtete der Trainer, wie Ed unter ihm dahintrottete. Ganz frei und ohne eine Kamera in Sichtweite bewegte das Pferd die Lippen, wann immer der Mann auf seinem Rücken den Mund hielt.

EASTERN EXPRESS (1995)

Kein Rückgrat lässt sich so gut reiten wie die Wirbelsäule, die unter dir galoppiert. Sie schlägt deine eigene um sechs Brustwirbel, die alle zu einem festen, stabilen Strang verknöchert sind, der von einem Netz aus Sehnen gehalten wird. Der Punkt, an dem der Galopp erzeugt wird, liegt hinter dir; dadurch bewegt sich der Rücken gleichmäßiger als bei Esel, Bulle oder Kamel. Die Beine unterhalb der Hüften und Schultern sind fünfzig Millionen Jahre lang dieser Arbeit entgegengewachsen. All das unterscheidet die Wirbelsäule, auf der du reitest, von der kleinerer Vierfüßer dieser Erde, die zum Rennen ihren Rücken einsetzen müssen. Und sie ist auch ganz anders als deine, als *du*, mit deinen schiefen Gliedmaßen und weichen Füßen, deiner geringen Ausdauer und deinen spröden Halsknochen.

Dazu kommen achtzehn Jahrhunderte Sättel auf dieser Wirbelsäule, siebzehn Jahrhunderte Steigbügel, dreitausend Jahre Zügel und fünftausend Jahre langsame Gewöhnung eines Pferdes daran, wie du auf seinem Rücken sitzen möchtest. Plus all die Jahre, die du darauf verwandt hast, genau diesen einen Körper zu bilden, diese Einheit von Pferd und Reiter, als die ihr in eurem unheimlichen, aufregenden Tandem einen Parcours nach dem anderen abgaloppiert – auch den, der genau jetzt vor euch liegt.

Denn dieser Parcours ist nichts für Ponys und Touristen. Du bist kein Cowboy, der einhändig mit einem wilden Bronco kämpft. Dieser Ritt ist eine Sprache – jeder eurer Verbindungspunkte ist ein Wort. Dein Wallach läuft, und deine Beine sprechen zu seinem Bauch und seinem Rücken, deine Hüften und dein Hintern pressen, um ihn zu unterstützen; deine Hände helfen seinem Hals dabei, sich zu heben und zu strecken. Kombinierte Signale von unterschiedlicher Intensität verwandeln diese Körperworte in halbe oder sogar ganze Sätze. Und dieser sechsminütige Lauf durch wechselhaftes Gelände ist ein drei Kilometer langer Text, frei komponiert bei dreißig Kilometer pro Stunde über Matsch und Hecken und Zäune und Teiche.

Er ist diesen Parcours noch nie abgelaufen, noch nicht einmal im Schritt, ganz wie die Regeln es verlangen. Sein Vertrauen in dich lässt ihn auf ein ein Meter zwanzig Meter hohes Hindernis zurasen, er liest deine Bewegungen in der Sekunde, in der du sie ausführst. Du lässt ihn im Stich, wenn du Momente vor einem Hindernis, in den entscheidenden letzten Schritten vor dem Absprung zu früh nach vorn in deine Sprunghaltung kippst. Zwar ist sie äußerst wichtig, um ihm Schwung zu geben, doch liegst du in dieser Position an seinem Hals, und es ist, als wärt ihr für kurze Zeit offline. Ein Stromausfall in der Schaltzentrale, ein Trapezkünstler, der seine Partnerin in die Luft schleudert, bevor sie die Stange sieht. Nimmst du diese Haltung zu früh ein, werden die Juroren sagen, du hättest »das Pferd weggeworfen«.

Ein weggeworfenes Pferd kann einfach stehenbleiben, was den aus dem Sattel erhobenen Reiter zwischen seinen Ohren hindurch nach vorn schießen lässt, wie einen Football zwischen die Torpfosten. Lass deine Beine und Hüften und Hände deswegen so lange wie möglich dort, wo er sie spüren kann; die Gesäßknochen berühren fast den Sattel und stimmen sich auf jeden seiner Schritte ab. Viel Bein, wenn ihr euch dem Hindernis nähert, eine Haltung, die ihm sagt: *Ich bin noch hier, ich weiß, was kommt.* Seine Ohren stellen sich nach vorn auf, wenn er schließlich den Sprung sieht, doch auch dann, selbst dann sei vorsichtig. Zähl eure Schritte. Bein ran. Bleib bei ihm, über seinem Rücken.

Denn um euch herum fallen Leute von Pferden: ein Drittel des Feldes ist raus, nachdem sie ein breites Hindernis verpatzt haben oder am Hang aus dem Sattel geholpert sind. »Gräber« heißen die Wassergräben im Parcours auch, wegen der vielen verschreckten Pferde. Landen sie getrennt voneinander zu beiden Seiten eines hohen Hindernisses, rufen Pferd und Mensch oft nacheinander, um wieder zusammenzufinden.

Doch schon am ersten Tag auf einem Pferd war dir klar, dass du jahrelang immer wieder stürzen würdest. Diese Tatsache ist nicht aus der Welt zu schaffen, und was wäre auch anderes zu erwarten, wenn du auf ein fünfhundert Kilo schweres Fluchttier kletterst und es antreibst, so schnell zu laufen, wie es kann? Es ist ein verrücktes Vorhaben, doch die Belohnung ist genauso irre. Ohne angemessenes Risiko kann ein Mensch eben nicht fliegen – und gerade *du* solltest das wissen.

Von alldem ahnst du zu jenem Zeitpunkt natürlich nichts. Du wirst dich an dieses Rennen nicht erinnern. Das Letzte, was du noch weißt, ist ein Gespräch im Stall über das süße, hungrige Pferd, mit dem du immer höhere Schwierigkeitsgrade genommen hast, das Pferd mit dem dämlichen geerbten Spitznamen »Bucket«, was du zu »Buck« verkürzt hast. Wenig passend für einen so sanften, willigen Kerl, der dir, anders als die temperamentvolleren Pferde deiner Vergangenheit, Stabilität verleiht – jedenfalls solange du es nicht vermasselst.

Du wirst dich weder an die Startbox noch an die leichte Spannung in seinem Rücken von der Dressurrunde erinnern, noch an den Galopp von der Box bis zu eurem ersten kleinen Sprung. Du wirst dich an das zweite Hindernis nicht erinnern und auch nicht mehr wissen, wie ihr euch dem dritten genähert habt – ein leichtes Hindernis, das nur dazu da ist, einen Rhythmus zu etablieren –, und ganz sicher wirst du dich an die verheerende Entscheidung nicht erinnern, deinen Körper einen halben Schritt zu früh von seinem zu erheben, in Richtung seines Halses von ihm zu verschwinden.

Er hat sieben Halswirbel, genau wie du, sie tragen dieselben Namen wie deine, und du rollst über sie alle hinweg, die Zügel noch in den Händen. Über seinen Axis, der seinen Kopf dreht, genau wie deiner, und über seinen Atlas, der, wie deiner, den Schädel hält und durch den das verlängerte Mark verläuft.

In deinem eigenen Hals tragen diese beiden Knochen das volle Gewicht deines Sturzes, deinen Körper von mehr als einem Meter achtzig, der aus einer Pferdehöhe von einem Meter siebzig fällt. Die Füße und Hände eines gerade noch vereinten Körpers sind zweigeteilt. Zwei Wirbelsäulen: Eine schnaufend auf der einen Seite des kleinen Zaunes, die andere keucht: »Ich bekomme keine Luft«, und kämpft mit den Sanitätern wie ein argwöhnisches Pony. Mit jedem Ruck deines Kopfes löchern Knochensplitter dein Rückenmark.

Die Menge kommt näher, sagt deinen Namen, denn sie alle wissen, wer du bist; die Kameras waren (natürlich) vor Ort, weil sie erfahren hatten, dass du in der Stadt warst, und du liegst einfach da auf dem Boden, regungslos inzwischen, dein Hals in diesem seltsamen Winkel. So geschmeidig hattest du für die Kameras ausgesehen, da oben auf diesem anderen riesigen, prachtvollen Wesen – ein weiterer glänzender Stern; zusammen wart ihr gewaltig, ein souveränes übermenschliches Etwas; und jetzt ist das Pferd zurück im Stall – wer weiß, woran Buck sich erinnert –, und du bist bewusstlos und fliegst ohne ihn auf, auf und davon in einem Rettungshubschrauber namens – ausgerechnet – Pegasus.

OREO (2012)

Der Anblick eines auf dem Rücken liegenden Pferdes verursacht im menschlichen Magen ein Schlingern. Irgendetwas an diesem verdrehten Körper – bar jener Eleganz, die wir von ihm erwarten – verursacht Übelkeit. All dieses Fleisch erscheint uns wie eine Landschaft in Gefahr, was vielleicht die zahllosen gestürzten Pferde in der Kunst erklärt. Man betrachte nur die verdrehten Hälse bei Delacroix, die heraushängenden Zungen bei Hogarth, die von Streitwagen überrollten Körper des *Alexandermosaiks*.

Und wie sollten wir die Augen des schreienden Pferdes in Picassos *Guernica* vergessen? Nur zwei Punkte in unruhigen Kreisen, und vor uns liegt die genaue, unerträgliche Vorstellung eines vor Angst verrückten Pferdes. Picassos Pferdeaugen – im verdrehten Hals des Tieres weisen sie nach hinten – sind es, die das ganze Bild wirbeln lassen.

Um 16:20 Uhr fiel ein Gerüst scheppernd vor seinem Wagen zu Boden, und Oreo ging einfach durch. Noch hielt sein Kutscher die Zügel in der Hand, und Oreo zog den Wagen in den Columbus Circle hinein. Als er einen parkenden BMW streifte, riss die hintere Hälfte der Kutsche ab, samt dem australischen Touristenpaar, das noch darin saß. Mehrere Blocks weiter nördlich brach auch der Rest ab, und das ungebremste Pferd raste schließlich die 9. Avenue hinunter, über die 59. Straße, 58. und kam plötzlich zum Stehen. Die Passanten, die hinter ihm herriefen, sagten, Oreo habe an der 57. Straße gehalten, als er die rote Ampel sah.

Unter den Landsäugetieren hat keines ein größeres Auge als *Equus ferus caballus*. Riesig und überaus beweglich, vergrößert es Objekte sehr viel stärker als das menschliche Auge. Von den Seiten des Kopfes aus sieht ein Pferd beinahe einmal rundherum. Selbst beim Grasen suchen seinen Augen die Welt nach Fluchtanlässen ab. Während sich Menschenaugen zu scharfen, nach vorn gerichteten und räuberischen Dingern entwickelt haben, war das Pferdeauge darauf aus, das große Ganze zu sehen – gerade genug, um den Schatten eines Risikos zu erkennen und dann mit seinem mächtigen Körper davonzueilen. Das Pferdeauge ist auf Überraschung programmiert, und der Pferdekörper steht unter Spannung, um dem Befehl des Auges zu gehorchen. Die im Augapfel verkörperte Angst hält das Pferd am Leben.

Um 16:35 Uhr hatten zwei Männer Oreo zum Bürgersteig geführt und an einem Pfahl und Baumstamm angebunden. Er trug noch immer seine Scheuklappen, so dass er keine Ahnung hatte, was sich hinter ihm, zu seiner Rechten oder Linken befand. Die Scheuklappen waren als Beruhigung gedacht – damit er sich bei der Arbeit entspannen und nach vorn konzentrieren kann. Das Sichtfeld eines Pferdes ist so weit und so sensibel, dass selbst die von ihm gezogene Kutsche es verschrecken kann. Doch jetzt war die Kutsche fort, ebenso der Fahrer, und Oreo war allein auf der Straße und überblickte nur ein Viertel seines natürlichen Sichtfelds.

»Er ist so nervös«, nuschelte eine tiefe Stimme in der Nähe einer Handykamera.

Als es der berittenen Polizei schließlich gelang, mit einem milden Beruhigungsmittel auf ihn zu schießen, hatte sich eine Menschenmenge angesammelt, die verfolgte, wie das Pferd sich schüttelte, um das Geschirr zu lockern, und versuchte, mit entblößten Zähnen an den Pfeil heranzukommen. Seine Augen rollten im Kopf, und es leckte unablässig die Luft.

Gerät ein Pferd in Panik, scheinen die Augen hervorzutreten, was an einem Muskelapparat liegt, der sich unter der Haut ausdehnt wie eine gewaltsam geöffnete Kamerablende. Der Angst zum Trotz befiehlt der Körper dem Pferd, noch genauer hinzusehen. Während die Augen zucken und rollen, zeigt sich mehr von der weißen Augenhaut rund um die Iris. Das Weiß macht sie unseren Augen mit ihren stets sichtbaren perlmuttglänzenden Rahmen ähnlicher. Vielleicht halten wir verängstigte Pferdeaugen so häufig in Gemälden oder Skulpturen fest, weil sie unseren eigenen am ehesten ähneln.

Um 16:40 Uhr begann das Beruhigungsmittel zu wirken und nahm Oreo die Angst. Er neigte seinen Körper, die Vorderbeine knickten ein, doch die Hinterbeine blieben gestreckt, wie bei einer Katze nach einem Nickerchen. In dieser Haltung drehte er sich leicht schwankend, bis seine Hinterbeine unter ihm nachgaben. Als sein Rumpf schließlich auf den Asphalt fiel, war die Reaktion der Menge hörbar – ein Chor aus lauter *Ohhhhs*, während Oreo immer runder und kleiner wurde.

»Wenn sie erst mal so zusammenbrechen …«, sagte dieselbe tiefe Stimme, womit niemandem geholfen war.

»Seht nur«, sagte eine höhere Stimme, was die Sache schon besser trifft. Seht nur. Seht den Körper auf dem Pflaster liegen, das Auge, wie es ganz braun und ruhig wird. Fünftausend Jahre lang haben wir das Pferd (in unserem eigenen Interesse) von der Angst abgeschirmt, doch genommen haben wir sie ihm noch immer nicht. Seit sechsundfünfzig Millionen Jahren schlucken wir unsere Menschenangst, doch sein Körper dreht sich auch heute noch um nichts anderes. Angst ist die Linse, durch die ein

Pferd die Welt betrachtet; sie hat Pferde über sechs Kontinente getrieben. Nicht ihre Eleganz oder Kraft oder Intelligenz, die wir angeblich so würdigen, sondern diese Ur-Angst, die so alt ist wie beide Spezies. Und wenn wir ihrer Angst all die Zeit über so nahe waren, was haben wir mit unserer eigenen gemacht?

Seht nur, wie er sieht. Seht nur, wie er uns erforscht. Was sieht dieses riesige Auge, das so lange schon auf uns gerichtet ist, was wir noch immer nicht sehen können?

Seht das verängstigte Kind, das den Blick von sechs Pferden für ein Gottesurteil hält und ihnen die Augen aussticht. Seht die apokalyptischen Visionen, in denen der Herrgott schwört, er werde »alle Rosse scheu« machen und über das Haus Juda »meine Augen offen haben und alle Rosse der Völker mit Blindheit plagen«.

Seht das Grimm'sche Märchen vom Gescheiten Hans, der jedem Pferd in seinem Stall die Augen aussticht[*] und sie seiner Geliebten ins Gesicht wirft, nachdem seine Mutter dem geistig beschränkten Jungen geraten hatte, dem Mädchen »freundliche Augen zuzuwerfen«. Als sie sieht, dass sie von Pferdeaugen bedeckt ist, gerät die Angebetete in Panik und nimmt Reißaus.

[*] Im deutschen Märchen sticht Hans Kälbern und Schafen die Augen aus, woraus in der englischen Übersetzung, die der Autorin vorlag, »all the livestock in the barn« wurde, also »jedem Tier im Stall«. Die Freiheit, sich darunter unter anderem Pferde vorzustellen, erlaubt sich auch diese Rück-Übersetzung. (Anmerkung der Übersetzerin)

MIKE

(Gallus gallus)
1945

Wie Mike kam die menschliche Gesellschaft allein mit ihren Reflexen aus.

Time Magazine, 29. Oktober 1945

Mike hatte schnell begriffen, dass er nicht mehr krähen konnte. Die wenigen Male, die er es versuchte – wozu er sich nach Hühnerart tief duckte, die Flügel angezogen, als wolle er sich vor seinem Publikum verneigen –, brachte er nur ein tiefes Gegrummel in seinem Bauch zustande. Es klang, als wäre er unter einer Schlammlawine begraben. Wie eine Küchenspüle mit Abflussproblemen. Oley beeilte sich, die Pipette zu holen, um Mikes verstopftes Halsloch zu säubern und dem Gurgeln und Keuchen ein Ende zu machen.

Zu schade, dachten Oley und Clara. Würde er krähen, könnten sie den Eintritt locker um einen Cent oder mehr erhöhen. Ich meine, seht euch doch die Meute an, wie sie johlt, sobald Mike nur den Flügel hebt. Aber mehr als einen Vierteldollar für einen Vogel zu nehmen, der eigentlich nur in der Gegend herumsaß, war einfach nicht christlich, mit Kopf oder ohne. Außerdem war die ganze Show ja ohnehin schon Sünde; der Kopf im Einmachglas neben Mike war Schwindel. Zu Hause in Fruita, Colorado, war Claras getigerte Katze mit Mikes gottgegebenem Kopf davongerannt, also hatte Oley für die Tournee einen Ersatzkopf eingelegt.

Die Schlagzeilenjäger schnappten sich ihre Notizblöcke und machten sich auf nach Fruita, genau wie die Zoologen mit ihren Lupen. Sie ließen sich Claras Fleischpasteten schmecken, beglotzten Mikes verschontes Stammhirn und feilten an ihren Reportagen: »Geköpftes Huhn lebt seelenruhig weiter« und »Geköpftes Huhn lebt und nimmt zu«. Nach der Erwähnung in *Life* und dem Guinness-Buch der Rekorde sowie einer komplett gesponserten Reise zum Labor in Salt Lake City – inzwischen zerrissen sich die Leute das Maul über Oleys neue Heuballenpresse und seinen niegelnagelneuen Chevy-Pick-up – machte ein weiteres Gerücht die Runde, nämlich, dass Wasser aus Fruita Hühnerblut gerinnen lasse. Anschließend hätte man keine Axt schwingen können, ohne einen Fruitaner zu treffen, der nicht eines seiner eigenen Wyandotten festhielt und dabei schielte und blinzelte, so wie man sich die Sache mit Oley eben ausmalte. Absichtlich verfehlten sie den ersten Schlag, um die Klinge zu erhitzen, und schnitten dann diagonal durch die Nackenfedern, vorbei am Halsansatz, wo sich der Großteil des Hühnerhirns in einer Ecke versteckt. Dann sah die Familie dabei zu, wie der Kopf des Hahns rollte.

Die meisten Vögel torkelten von den Hackblöcken und machten ein, zwei, drei Schritte, bevor sie umfielen und liegen blieben. Ein paar überlebten den Nachmittag oder den Abend oder sogar den nächsten Tag, was die gesamte Farm so gespannt wie ungerührt verfolgte, bis die Vögel verbluteten oder gegen das Ofenrohr knallten oder von der Veranda fielen oder sonst was. Mike hätte ihnen ein Lied davon singen können: gar nicht so einfach, ohne Kopf am Leben zu bleiben.

Die alten Männer in Fruitas Monument Café gaben zu Protokoll, das alles interessiere sie nicht die Bohne. Draußen vor dem Monument aber forderten die kleinen Mädchen mit ihren Springseilen eine Antwort: »Mike, Mike, wo ist dein Kopf? Du bist nicht tot, auch ohne Schopf!« Ein Artikel erklärte, Mike sei deswegen nicht tot, weil er über einen »beinahe menschlichen« Lebenswillen verfüge. Doch wo genau in einem kopflosen Huhn befindet sich dieser beinahe menschliche Wille? Niemand kam darauf, diese Frage zu stellen, und Mike sagte dazu selbstverständlich nichts.

Im sprichwörtlichen Stolz eines Gockels kann er nicht gesteckt haben, schließlich kam Krähen für Mike nicht mehr in Frage, und noch dazu hatte sein abgetrennter Kopf die Hennen vertrieben. Konnte der Wille also etwas mit den Gefäßen zu tun haben? Ein gerinnungsfördernder Wille?

Der schlichte Wille von Blutplättchen, Thrombin und Myelin, auf Teufel komm raus immer weiter zu verkleben und zu verstopfen? Oder verfügte Mike vielleicht über den Willen jener Brachiosaurus-Knochen, die im Schiefergestein von Fruita ausharrten und auf ihren zweiten Auftritt als Kamm oder Figurine warteten – Kuriositäten, die nur zu leicht zerbrechen, wenn man beim Staubwischen auf dem Kaminsims nicht aufpasst?

Er hätte sich zwingen können, gegen das einzig Unverbrüchliche anzugehen, menschliche Eselei nämlich – ein hehres Ziel eines jeden Tieres im Königreich. Vielleicht wusste er in jener schneidenden Nacht auf dem Hackblock, dass Claras Mutter sich angekündigt hatte, was Oley seine Axthand nicht ganz so sicher führen ließ. Er musste damit rechnen, dass Oley die kopfklauende Katze früher oder später aus den Augen lassen würde. Vermutlich wettete er seine letzte Schwanzfeder darauf, dass er irgendwann abends nach der Show in einem dieser feuchtkalten Motels keine Luft mehr bekommen würde, nur um dann zu erfahren, dass Oley die überlebenswichtige Pipette dreihundert Kilometer entfernt bei der letzten Station hatte liegenlassen.

Was, wenn Mike einzig und allein am Leben blieb, um zu sehen, welchen Hühnermist die beiden als Nächstes verzapfen würden, und angewidert seinen Geisterkopf zu schütteln?

Doch vielleicht ist es das Beste für alle Beteiligten, davon auszugehen, dass es mit Mikes Willen etwas ganz anderes auf sich hatte. Manche lebenden Dinge beherbergen ein anderes Nervensystem – eines, das sie über simples Krähen, Hennenjagen und sogar über die natürliche Ordnung hinaus anspornt. Was wäre so schlimm daran zu behaupten, Mike sei wegen der Aussicht auf ein tobendes kleines Zelt am Leben geblieben? Oder wegen des Beifalls, der so laut war, dass er ihn bis in die Federspitzen spüren konnte? Wegen des angenehm heißen Lichts, in dem die Mottenflügel nur so brutzelten, wegen Clara, die ganz benommen von ihrem Star war und ihm den Rücken tätschelte, oder wegen der flaumweichen Decke im Hotel statt Hühnerdraht und Apfelkiste. Wegen der Fanpost, die ganz einfach an »das kopflose Huhn von Colorado« adressiert war und Mikes Farm dennoch erreichte.

Reden wir uns doch ein, dass es *das* war, was Mike immer weitermachen ließ – eineinhalb Jahre lang, bis zu einer letzten Runde im Hof und einem kopflosen Braten. Und vielleicht steckt dieser Wille, fünfhundert ungesehene Sonnenaufgänge lang ein Hahn zu bleiben, auch in Broadway-Shows, in Blitzlichtbirnen, im Borscht Belt nördlich von New York, in Entertainern und Rampensäuen. In *Hennen sind die Juwelen der Schöpfung – man muss sie mit Fassung tragen (badumm bumm)* und »*Herr Doktor, ich bekomme immer Kopfschmerzen, wenn ich das hier mache!*« »*Na, dann lassen Sie's doch*« *(badumm bumm)* und *Mutter hat immer gesagt, zähl deine Hühnchen nicht, bevor sie geköpft sind (badumm bumm)* und *Das Leben ist kein Hühnerhof! (badumm bumm)*.

Vielleicht wusste Mike ganz einfach, dass du dir was einfallen lassen musst, Baby, wenn du's in dieser Welt wirklich zu was bringen willst.

ARABELLA

(Araneus diadematus)

1973

Das winzige Tierchen war – in vieler Hinsicht –
Skylabs Star gewesen.

Reuters

I m Frühsommer, sobald sie sich aus ihrem Kokon befreit und einen
Tag oder so im Gewusel ihrer Familie verbracht hat, fühlt sich eine
jugendliche Kreuzspinne bereit für den Flug. Sie krabbelt auf irgendein in die Luft ragendes Stück Natur – einen Blattrücken, einen Zweig –
und bezieht dort Position. Dann hebt sie einen nicht unbeträchtlichen
Teil ihrer Beine und zieht einen Seidenfaden aus den Spinndrüsen an der
Unterseite ihres Abdomens. Im Verhältnis zum Gewicht ist diese Seide
fünfmal so fest wie gehärteter Stahl und mindestens doppelt so fest wie
ein menschlicher Oberschenkelknochen.

Erfasst ein Juniwind den Seidenfaden und weht ihn mit sich davon,
folgt sie ihm mit ihrem Körper: ein winziger Ballon, der seiner Schnur
hinterherjagt. Ihre Reise beginnt mit einem beachtlichen Satz und geht
erst dann zu Ende, wenn ihr seidenes Seil mit einem fest verankerten Ge-
genstand – einem Busch, einem Zaunpfahl – kollidiert. Es kann ein Aus-
flug von einem Meter werden, er kann sie aber auch achthundert Meter
weit tragen. Für eine Kreuzspinne ist eine Achthundert-Meter-Reise so,
als würde ein Mensch per Windböe über hundert Kilometer zurücklegen.

Die Schwerkraft verließ die Körper der Crew von Skylab 3 ohne große
Vorwarnung. In den ersten Minuten nach dem Start waren sie in die
»Couch« ihres Kommandomoduls gepresst worden, während die Rakete
die Erde mit einem Schub von 34,3 Millionen Newton davonstieß. Jetzt
trennte ein kleiner Zwischenraum ihre Schenkel von den Sitzbezügen.

Ohne ihre Sicherheitsgurte wären die drei Männer wie Seidenblumensamen zur niedrigen Decke der Transportkabine aufgestiegen.

Es sollten einige Stunden vergehen, bevor im Navigationsteleskop ein Punkt auftauchte, der sich unverkennbar weiß vom Schwarz des Weltraums abhob. Und weitere Stunden des Wartens und Schwebens, bis sich der Punkt in einen glänzenden, länglichen Zylinder verwandelte, der von einem riesigen Sonnenkollektor flankiert und von einem windmühlenförmigen Teleskop gekrönt wurde. Skylab. Hier sollten sie andocken: am Tor dieser weißen und schwarzen und strahlend goldenen Kapsel, die im freien Fall jenen Planeten umrundete, dem sie mit fast einem Kilometer pro Sekunde entkommen waren.

Nicht allzu lang nach der Landung spinnt eine Kreuzspinne ihr erstes Netz. Sie wirft eine Leine aus, wartet, bis sie spürt, dass sie hängenbleibt, und befestigt dann das andere Ende der Leine dort, wo sie gerade sitzt. So entsteht eine einfädige Brücke, über die sie laufen kann, was sie auch macht, wobei sie die Brücke mit einer zweiten Leine verstärkt. Hängt sie erst einmal von der Brückenmitte herab, lässt sie sich fallen und pumpt dabei immer weiter Seide, um ein Y zu formen. Dann zieht sie Faden um Faden aus ihrem Körper, spinnt und stürzt, klettert und fällt und knüpft jeden Faden an die Gabelung dieses Y. Schon bald verzweigen sich ein Dutzend Speichen von der Y-Nabe aus wie seidene Sonnenstrahlen.

Ohne innezuhalten, wendet sie sich zur Seite, umkreist die Speichen und verbindet sie mit einer Spirale aus dreißig Rädern. Jetzt legt sie in ihrem Körper einen anderen Gang ein und beginnt, eine klebrigere Seide zu produzieren – klebrig genug, um schwere Beute zu fangen. Aus dieser Seide webt sie eine zweite Spirale. Ist das erledigt, frisst sie die erste Spirale, dann die Nabe, und richtet sich schließlich dort ein, wo die Nabe war. Und obwohl sie niemals einen Blick von außen auf ihr Werk wird werfen können (selbst wenn sie es könnte, wären ihre Augen nicht in der Lage, auf eine solche Entfernung scharfzustellen), hat die junge Spinne ihren

Raum soeben mit etwas gefüllt, das zur spektakulärsten Handwerkskunst unserer Erde gehört, auf dieselbe Weise, wie ihresgleichen es seit Hunderten Millionen von Jahren tun. Sie braucht dafür rund eine halbe Stunde.

Fast zehn Jahre lang war die NASA mit dem Design von Skylabs Weltraumwerkstatt beschäftigt, und im finalen Entwurf spielten Oben und Unten kaum noch eine Rolle. Statt die beiden Ebenen der Raumstation mit einem festen Boden voneinander zu trennen, teilte eine Schraffur kreuzförmig angeordneter Streben die Werkstatt wie ein offenes Netz aus Metall. Durch ihre Mitte verlief eine blaue Stange, an der sich die Männer quer durch die fünfzehn Meter lange Werkstatt ziehen konnten, doch sobald die Astronauten gelernt hatten, sich in der Schwerelosigkeit zu bewegen, rangierten sie die Stange aus. Lieber stießen sie sich von den Wänden ab, lenkten mit den Armen und schwebten so vom Bug der Werkstatt – hier befanden sich der Esstisch, die Toilette und die drei an der Wand verschraubten Schlafkojen – durch den leeren Mittelteil zum Heck – mit der Radio- und Fernsehausrüstung, dem biophysikalischen Labor, den Geräten für die Materialbearbeitung und der daumengroßen Plastikphiole, in der sich eine junge Kreuzspinne namens Arabella befand.

Eine Spinne ist dafür gemacht, ihr Netz wie eine Gitarre anzuschlagen. Sie ist dafür gemacht, eine Speiche mit einer ihrer gestreiften Tarsalkrallen zu zupfen und zu spüren, wie die Erdanziehung die Schwingung ihres Netzes verändert. Sie ist dazu gemacht, unten am Netz mehr klebrige Fäden zu spinnen als oben, weil es wegen der Schwerkraft weniger anstrengend ist, zur Beute hinabzuspringen als zu ihr hinaufzukrabbeln. Sie ist dafür gemacht, eine hauchzarte Leine herabzulassen und sich bei Gefahr fallen zu lassen, die Fäden ihres Werks kopfüber abzulaufen und ihr eigenes Gewicht dabei als Antrieb zu nutzen.

Denn nichts ist so sehr »Spinne« wie diese eingebaute Wachsamkeit, dieses angeborene Wissen darum, was sie zur Erde hinabdrängt und was sie von dort emporhebt. Ihre Beine und Krallen, ihr Maul, die Seide, die sie aus ihrem Inneren entspult, sie alle verstehen – mit jener enormen Sensibilität, die aus Äonen von Experimenten hervorgegangen ist – die Gegebenheiten unseres massiven Planeten, der mit ihrem Körper zu kollidieren versucht.

Erst am achten Tag der Mission schwebte Wissenschaftspilot Owen Garriott hinüber zu Arabellas kleiner Phiole. Die NASA hatte ihr einen vierzig mal vierzig Zentimeter großen Käfig maßgeschneidert, der mit seinen dunklen Seitenteilen und der glatten Glasfront aussah wie ein Bilderrahmen. Rund um den Rahmen befanden sich Fassungen für Leuchtstoffröhren und Kameras, und rechts oben in der Ecke gab es eine Stelle zur Befestigung von Arabellas Transportphiole, von der aus sie durch einen schmalen Tunnel in den Käfig gelangen konnte. Niemand wollte das Risiko eingehen, eine winzige Spinne in die Leere der Weltraumwerkstatt zu entlassen, die, wie die Crew wusste, ihren ganz eigenen Gesetzen gehorchte.

Einen Missionstag lang weigerte sie sich, durch den Tunnel zu gehen. Obwohl der Wissenschaftspilot allein für sie verantwortlich war, konnten die anderen beiden Besatzungsmitglieder nicht umhin, sie ebenfalls im Auge zu behalten. Pilot Jack Lousma sah zu, wie Garriott Arabellas Phiole öffnete, und schwebte hinüber, um ihm behilflich zu sein. »Die arme Spinne wusste nicht, wo sie war«, erinnerte er sich später. Kommandant Alan Bean, einer der zwölf Menschen, die auf dem Mond spaziert sind, notierte in seinem privaten Tagebuch: »Owen löste die Phiole vom Käfig, öffnete die Tür und schüttelte sie heraus, wo sie sofort vor und zurück prallte, von vorn nach hinten, vier- oder fünfmal, und sich dann an den seitlichen Gitterelementen der Box festkrallte. Da sitzt sie und klammert sich an das Gitter.«

Der Sechzehn-Millimeter-Film von Arabellas frühestem Werk im Skylab zeigt weniger eine Spinne als vielmehr ein Spinnengespenst – ein schwarzgraues Arachnophantom. Acht dünne Fäden umschimmern ihren Körper: Das sind ihre Beine. An einem Dutzend weiterer fahler Nadelstreifen glitzern weiße Punkte: Das sind ihre Flugfäden. Im Film versucht sie, sich fallen zu lassen und eine erste Speiche zu ziehen – mit turbulentem Ergebnis. Man sieht sie eine waagerechte Leine entlanghuschen, wobei sie sich halb festkrallt und halb hüpft, bis sie gänzlich den Halt verliert; dann lässt die Schwerelosigkeit sie nach oben über die Leine schweben. Vor lauter Beingefuchtel taumelt sie in die andere Richtung und sinkt tiefer, auch wenn es für eine purzelbaumschlagende Spinne in einem Weltraumkäfig kein »Tiefer« gibt. Zunächst dreht sie sich Kopf über Hinterleib, gerät dann in eine Spiralbewegung, so dass sie seitwärts weiterrollt. Ihre acht Beine ragen in alle Richtungen, dann ballen sie sich zusammen und umklammern vergeblich den leeren Raum: eine kleine verzweifelte Kralle. Irgendwann findet sie an einer Käfigecke Halt und versucht dort, ein wenig zur Ruhe zu kommen.

Wissenschaftspilot Garriott hatte die bevorstehenden Weltraumspaziergänge monatelang in einem Skylab-Unterwassermodell in Huntsville geübt. Am 9. Tag der Mission verschloss er die Luftschleuse zum Rest der Station, öffnete die Ausstiegsluke und schwebte hinaus an einen Ort, an dem vor ihm erst fünfundzwanzig Menschen gewesen waren: die Thermosphäre, das »harte Vakuum«, die Leere zwischen der Erde und ihrem nächsten Himmelsnachbarn. Eine achtzehn Meter lange Kordel spulte sich aus seinem Abdomen heraus.

Die dicken Finger seiner Handschuhe verlangsamten seine Bewegungen, und er wunderte sich, wie anstrengend es war, eine anderthalb Meter lange dünne Stahlstange und noch eine und noch eine aus der Luke zu ziehen, die er an den Enden zusammensteckte, bis aus ihnen zwei sechzehneinhalb Meter lange Ausleger wurden, die in den Weltraum hinausragten. Dann machte er sich von den Halterungen los, um mit einem großen Segel aus wärmebehandeltem Goldstoff zu den Stangenenden zu schweben, an denen er das Ganze befestigte. Schließlich entrollte er das Segel, bis es die Weltraumwerkstatt wie ein goldenes Federbett bedeckte und Skylab von der Hitze der Sonne abschirmte.

Bevor er ins Innere zurückkehrte, schwamm Garriott zum Ende des Windmühlenteleskops auf der anderen Seite des Raumschiffs. Seit Huntsville hatte er sich geschworen, einen Weltraumaugenblick abzupassen, um seine Zehen auf den Rand von Skylab zu stellen und hinabzublicken.

Und was er sah, war in gewissem Sinne eine Entfernung, die der gesamten Länge des Grand Canyon entsprach. In einem anderen Sinne sah er das, was eine Kreuzspinne sieht, die über einen kleinen Asteroiden hinweg ins All blickt, vielleicht so klein wie der Asteroid, den man nach der Lehrerin benannt hat, die auf ihrem Weg in den Weltraum ums Leben kam. Und in einem gänzlich anderen Sinne sah der Wissenschaftspilot rein gar nichts.

Zurück im Skylab, stellte Garriott fest, dass Arabella ihr erstes Netz in der Mikrogravitation gesponnen hatte.

Die Entfernung zwischen einem Menschen und dem Mond ist eine Spinne, die den Oregon Trail abwandert. Die Entfernung zwischen einer Spinne und dem Ende ihres fünfzehn Zentimeter langen Seidenseils ist ein Mensch, der an einer achtzehn Meter langen Nabelschnur umhertreibt. Ein Mensch, der von einem Ende einer Raumstation zum anderen trudelt, ist eine Spinne, die sich entlang eines ein Meter zwanzig großen Netzes fallen lässt.

Denn eine Spinne ist ein Teilchen und ein Mensch ist ein Teilchen, und die Spinne zieht den Menschen mit einer Kraft an, die direkt proportional zum Produkt ihrer Massen und umgekehrt proportional zum Quadrat ihrer Entfernung ist.

Denn ein Mensch ist einer Spinne dann am nächsten, wenn die ihm bekannte Welt mit kosmischen Exponenten multipliziert wird.

Denn eine Spinne ist einem Menschen dann am fernsten, wenn ihr die Instrumente fehlen, mit denen sie sich ihrer selbst vergewissert.

Ihr erstes Netz war lose und zufällig, ein Zerrspiegel ihrer akkuraten Erdspinnerei. Da sie das Gewicht ihres Körpers an den Fäden nicht spüren konnte, spann sie Seide von verschiedener, untauglicher Dicke. Nur wenige Leinen gerieten straff oder gerade. Das Netz sah aus wie das abgetragene Schultertuch einer drittklassigen Handleserin oder wie ein Fischernetz, aus dem jedem Fisch die Flucht gelänge. Auf der Erde entsteht ein solches Netz, nur kurz nachdem eine Spinne sich gehäutet hat oder kurz vor ihrem Tod. Das Werk einer amputierten Spinne sieht so aus – oder eines jener Spinne, der ein Schweizer Pharmakologe 1948 D-Amphetamin verabreicht hatte.

Der Weltraum beflügelte die Skylab-Crew, die in der zweiten Woche ihrer neunwöchigen Reise das Mission Control Center per Funk um mehr Arbeit bat. An einem einzigen Missionstag trug Wissenschaftspilot Garriott allein zweiundzwanzig Stunden im Logbuch ein. Obwohl die NASA vorgeschlagen hatte, sie mit einer Spielkonsole und einem Filmprojektor in den Weltraum zu schicken, wollte die Crew in ihrer Freizeit nichts anderes machen, als aus dem Fenster zu starren und in der Mikrogravitation herumzukaspern. Denn der Weltraum erweckt so manches im menschlichen Körper. Die Männer waren geschickter geworden und ihnen war weniger übel. In der Schwerelosigkeit streckte sich ihre Wirbelsäule; noch kurz nach der Wasserung war jeder der Männer mindestens zweieinhalb Zentimeter größer als vor dem Start.

Abends schwebten die Männer zu dem Ring aus sperrigen weißen Spinden, die das eine Ende der Werkstatt umgaben, und rannten dort ein paar Runden, beziehungsweise Räder – von der Wand zur Decke und wieder hinunter wie drei Fred-Astaire-Hamster. Oder sie kugelten umher und überschlugen sich in ihren weißen Socken und Boxershorts, segelten ineinander und machten Figuren wie Wasserballerinas. Sie forderten einander zum Wettschweben heraus – von der Müllschleuse aus vorbei an Arabellas Fernsehkäfig, vorbei an der Küche und durch die Luken bis rüber zum Kommandomodul, das sie in den Weltraum gebracht hatte –, alles ohne Einsatz der Gliedmaßen. »Bei den Olympischen Spielen hätten wir vielleicht Chancen gehabt«, witzelte Garriott später. Der Wissenschaftspilot nannte dieses Kunststück »Spiderman spielen«.

In Arabellas Käfig gingen die Lichter an und simulierten den Sonnenaufgang. Es war zwei Wochen nach dem Start und sechs Tage, nachdem sie aus ihrer Phiole entlassen worden war, und noch immer war ihre Luft erfüllt von jenem unbezwingbaren Nichts, das ihre Leinen daran hinderte, sich zu verfangen, und das ihren Körper verwirrte, wenn sie versuchte, sich abzuseilen. Die Käfigwände jedoch waren auf eine Art solide, die ihr einleuchtete, und so befestigte sie in dem schmalen Zwischenraum eine straffe Brückenleine. Der einzige Weg, ein Netz im Flug zu spinnen, so fand sie heraus, war, das Fliegen zu vermeiden – auf festem Boden zu bleiben.

Während sie sich an den Wänden und Ecken des Käfigs festhielt, machte sie weitere kurze Seidenleinen, zog sie, so fest sie konnte, und lief daran entlang (statt sich fallen zu lassen), um jede Speiche, jede Spirale zu befestigen. Als Längenmaß für die Spiralen dienten ihr die Hinterbeine: Jeder Ring entsprach der Entfernung zwischen ihrer Spinndrüse und der hinteren Krallenspitze. Die mittleren Klauen ihres dritten Beinpaars hielten sich unterdessen an der Seide fest, als wären es Enterhaken.

In mancher Hinsicht war das Netz nicht sehr ambitioniert. Sie hatte weniger Spiralringe angelegt und das Netz nicht mit der üblicherweise ungleich verteilten, in der unteren Hälfte klebrigeren Fangseide ausgestattet. Die Struktur aber war gleichmäßig und fest. Zu Hause hätte ein Menschengesicht, das diesem Netz in die Quere kommt, das Ganze für das Werk eines x-beliebigen, gewöhnlichen Spinnenwesens halten können.

Aus Kommandeur Beans Tagebuch vom 7. August: »Arabella hat ihr Netz perfekt vollendet. Als Owen beim Frühstück Jack davon erzählte, sagte der: ›Na, prima. Ich finde ja, eine Spinne sollte wenigstens ab und an auch mal was tun.‹«

Noch einmal Bean, am 8. August: »Letzte Nacht hat Arabella ihr Netz gefressen und ein perfektes neues gesponnen.«

Kommandeur Bean am 10. August.: »Owen hat heute dreimal Spinnenfernsehen gemacht.«

Alle zwei Stunden umrundeten die Männer und ihre Ladung die Erde – schlängelnd zwischen fünfzig Grad nördlich und südlich des Äquators flogen sie die Längengrade ab, gingen auf und unter. An den Haltestricken, die sie noch mit der Erde verbanden, ließ sich nur schlecht ziehen – Fernschreibermeldungen, übertragene Sinuswellen der Stimmen ihrer Ehefrauen, das Raster der Straßenlaternen von Enid, Oklahoma, das für Garriott blinkte, wann immer seine Heimatstadt wusste, dass er gerade über ihr vorbeizog. Und obwohl die Entfernung seit dem Tag des Andockens gleich geblieben war, trieb die menschliche Ladung – mit jedem Weltraumspaziergang, jeder Tube Flüssigspaghetti, jedem Schraubenschlüssel, den sie nicht mehr reflexartig zu fangen versuchten, wenn er ihnen versehentlich aus der Hand glitt – immer weiter davon.

Am 11. August hatte die Crew eigentlich frei, doch keinem der drei war nach Ausruhen zumute. Auch Arabella nicht, die ein weiteres herrliches Netz spann – ihr viertes in vier Tagen. Garriott sprach inzwischen von

»unserer Freundin Arabella« und hatte am Vortag notiert, dass sie sich »momentan einem sehr großen Horizont« nähere. In seiner Mitteilung an die Erde am 12. August beschrieb er, wie seine Freundin ihr Netz von den Ecken ihres Käfigs nach vorn und in die Mitte verlegte – eine wesentlich telegenere Stelle –, wo es sich mehr und mehr den heimischen Netzen entgegendehnte. Er klang ganz verzückt, als er berichtete, wie sie »ohne den Bonus vorheriger Erfahrung und ganz allein eine sehr schöne Lösung für die Probleme der Schwerelosigkeit gefunden« habe.

Houston weckte die Männer jeden »Morgen« mit den neuesten Nachrichten, doch die Crew wusste, dass die schlimmsten Ereignisse des Tages stets fehlten. Die NASA hatte es so eingerichtet, dass Skylab weder vom Flugzeugabsturz am Bostoner Logan Airport erfuhr noch vom Putsch in Chile noch von der Leiche des Serienmörders, die man keine 25 Kilometer von ebenjenem Kontrollraum entfernt gefunden hatte, von dem aus ihre Nachrichten in den Himmel gejagt wurden. Unten auf der Erde sorgte Skylab natürlich für eigene Schlagzeilen – täglich erschien mindestens ein Artikel über die Männer und wie sie dabei waren, Kometen zu verfolgen und den Rekord für die meisten im Weltraum verbrachten Nächte aufzustellen. Und die Mehrzahl der Berichte schaffte es, in ihre Absätze auch Neuigkeiten von der kleinen Spinne in ihrer fernsehtauglichen Box einzuflechten.

In den CBS-Abendnachrichten mit Walter Cronkite sah man sie bei ihrer Arbeit. Ein Foto, auf dem sie in der Mitte eines imposanten silbernen Netzes hockt, wurde in *Science News* und der *Los Angeles Times* gebracht und lief über den AP-Nachrichtenticker. Mit jedem gesponnenen, beobachteten, fotografierten und gesendeten Netz wurden die Bande zwischen Arabella, den Astronauten und den Menschen auf der Erde klebriger. Die NASA hatte eigentlich geplant, sie nach ein paar Tagen im Weltraum sterben zu lassen, doch Arabella hatte, so die *Washington Post*, »die Zuneigung der Crew gewonnen«, und zwar in einem solchen Maße, dass »Owen Garriott nach der Hälfte des Flugs fragte, was man unternehmen könne, um diese Beziehung zu verlängern«.

Wer hätte die Weberin des universumweit ersten Weltraumnetzes auch zum Tode verurteilen können? Ein Geschöpf, das der Journalist Lee Edson »die wohl berühmteste Spinne der Welt« nannte? Und so war niemand überrascht, als Edson verkündete, »die NASA hat eine weitere hochrangige Entscheidung getroffen. Arabella darf am 25. September mit den Astronauten zur Erde zurückkehren.«

Inzwischen hatte auch das Mission Control Center sein eigenes Spinnenmaskottchen, Arachne, die in einem Glaskäfig in der Kommandozentrale lebte. Sie konnten sie ansehen, wenn sie hörten, wie Garriott im Weltraum seine Freundin Arabella beschrieb. Sie funkten ihm den Befehl, vom Weltraumdinner dieses Tages – Filet Mignon – ein stubenfliegengroßes Stückchen beiseitezulegen. »Wenn Arabella in ihrem Käfig ist, legen Sie es vorsichtig in die Nähe ihrer Beine«, befahl Verbindungssprecher Richard Truly. Der *New York Times* zufolge »war die Spinne begeistert und machte sich daran, ein weiteres Netz zu bauen«.

Mit jedem neuen Netz schloss sich ihr Griff fester um den Planeten. Nur Arabella konnte die Distanz zwischen den Geschöpfen auf der Erde und den unvorstellbaren Fortschritten von Skylab – Röntgenbilder der Galaxie, Technicolor-Beweise von Löchern in der Sonne – überbrücken. Indem ihre langsamen Schritte entlang der geraden Leinen ihres Netzes immer sicherer wurden, lief sie zu etwas zurück, das die Menschen da unten verstehen konnten: eine organische Erfolgsgeschichte inmitten von etwas, das im Fernsehen und in den Zeitungen wie ein düsterer und künstlicher Nebel gewirkt haben muss. All das tat sie gleichsam nackt, mit nichts als dem, was sie spüren konnte: ihren Beinen, ihrem Käfig, der Lampe, die ihr jemand alle achtzehn Stunden anschaltete. Beharrlich und geschickt schuf die Spinne in jenem unwirtlichen und fernen Nichts ein irdisches Objekt. Und neben all der Arbeit der schwebenden Männer war ihre Arbeit gewichtig und vertraut – eine auf die Menschen der Erde zu-geschnittene Verbindungsleine.

Denn eine Spinne in ihrem Netz ist uns weniger fern als ein Mensch, der in seiner Unterwäsche Rückwärtssalti durch ein Raumschiff schlägt. Denn ein Mensch im Weltraum ist ein hochdekorierter Marinepilot in fremdartigem Overall, der ein goldenes Vlies ausrollt, um zu verhindern, dass sein milliardenteures Raumschiff von der nahen Sonne geröstet wird. Denn auch die Spinne im Weltraum kennt nur eine Gartensonne. Sie hebt dieselben acht dünnen Beine, die auf den Zweigen eines Apfelbaums lau-fen. Sie ist kein Ehrendoktor der Wissenschaft oder Fellow der Amerika-nischen Astronomischen Gesellschaft. Sie hat die Erde noch nie von deren Mond aus gesehen. Denn eine Spinne hat keinen Titel, nur den hübschen Namen einer unserer Töchter. Sprechen wir ihn aus, klingt der Name wie ein Glöckchen in der Luft.

Kommandeur Alan Bean setzte sich ein paar Jahre nach der Wasserung zur Ruhe, um sich der Malerei zu widmen, und fast jedes seiner Ölgemäl-de zeigt einen Mann auf dem Mond. Nachdem er in den frühen 1980er Jahren Kommandeur bei einem Flug des Space Shuttle gewesen war, kan-didierte der Pilot Jack Lousma für das Senatorenamt in seinem Staat und verlor. Zehn Jahre nach Skylab kehrte Owen Garriott in den Weltraum zurück und half fünfundzwanzig Jahre später dabei, seinen Sohn auf die Internationale Raumstation zu schicken – der erste Amerikaner, der Welt-raumreisen an die nächste Generation weitergab.

Arabella schaffte es zurück zur Erde, wenn auch denkbar knapp. Der NASA zufolge fand man sie am Tag nach der Wasserung zu einem Ball eingerollt in ihrer Transportphiole. »Man wird eine Autopsie durchfüh-ren«, versicherte Reuters. Als Todesursache wurde Dehydrierung fest-gestellt, und anschließend blieb nichts weiter zu tun, als sie mit dem rest-lichen Skylab-Material zu katalogisieren.

In ihrem schwarzen Zylinder mit einem Sichtfenster aus Plexiglas ist die in Formalin konservierte Arabella nun Ausstellungsstück Nr. A 19 740 484 001 im Nationalen Luft- und Raumfahrtmuseum, das zusammen mit der übrigen Skylab-Ausrüstung gezeigt wird. Zwischen Titanlegierungen, Neopren, ablativem Epoxidharz und Wabenplatten aus harzimprägniertem Fiberglas ist sie das einzige Exponat, das als »organische Materie« geführt wird.

Auch wenn er sie um mehr als vier Jahrzehnte überlebte, hat Garriott die Spinne doch nie vergessen. 2013 saß er anlässlich des vierzigjährigen Jubiläums von Skylab in einer NASA-Gesprächsrunde, zu der auch ein Wissenschaftspilot der aktuellen Raumstation zählte. Als dieser jüngere Wissenschaftler auf die frühere Arbeit mit Tieren in der Mikrogravitation verwies, fiel ihm Garriott – inzwischen ein lebhafter Zweiundachtzigjähriger – regelrecht ins Wort. Er setzte sich in seinem Stuhl auf und presste seine Worte schneller hervor, als er sie aussprechen konnte. Seine blauen Augen weiteten sich, als er in die kleine Schar von Reportern und Studenten blickte. »Sagt hier irgendwem der Name Arabella etwas?«

Hinter ihm war eine große Projektion des offiziellen, gestickten Skylab-3-Abzeichens zu sehen, das alle Mitarbeiter der Mission an der Schulter getragen hatten. Das kreisrunde Abzeichen zeigt Leonardos *Vitruvianischen Menschen* in seiner berühmten kraftstrotzenden Haltung. Hinter dem nackten Mann ist ein Kreis, der zur Hälfte mit der Erde, zur Hälfte mit einer flammenden Sonne gefüllt ist. Der Mann scheint in der Mitte des Abzeichens zu schweben und das Blau und das Orange voneinander zu trennen. Mit allen acht Gliedmaßen streckt er sich nach den Rändern des Rahmens.

LANCELOT

(Capra aegagrus hircus)

1985

(Nebenbei: Kinder spielen eine etwas andere Rolle.)

John Berger, »Warum sehen wir Tiere an?«

Als ich in der ersten Klasse war, schwamm ein wandernder Buckelwal von der San Francisco Bay aus hundert Kilometer flussaufwärts, bis er in einem sumpfigen Nebenarm nördlich von Rio Vista strandete. Im ganzen Land erschienen Dutzende Artikel über den Wal – dem man bald den Namen Humphrey gab –, und die Abendnachrichten informierten fast einen Monat lang täglich über die neuesten Entwicklungen, mit ausführlichen Humphrey-Berichten am Wochenende. Ich sah mir alles an, was bei uns zu Hause am anderen Ende des Landes im Fernsehen kam. In den Beiträgen war oft nicht viel zu sehen: Meist zeigten sie kleine Flottillen rund um Humphrey oder Menschen an Bord oder an Land, die auf Kochutensilien herumschlugen, um den Wal flussabwärts zu vertreiben. Ich kann mich noch an ein Bild von einem Mann auf einem Fischerboot erinnern, der eimerweise Salzwasser auf Humphreys Rücken goss. Zu träge, seine Schwanzflosse zu bewegen oder eine Fontäne auszustoßen, war Humphrey nur ein langes, glitschiges Stück Holz, das in der Nähe einer aufgeregten Menschenmenge vor sich hin trieb. Das war alles, was ich jemals über ihn in Erfahrung bringen sollte.

Und so kam es, dass ich den Buckelwal Humphrey in die gleiche Kategorie einordnete wie My Little Pony oder den Osterhasen. Für mich war jedes Detail von Humphreys Geschichte voller Magie. Wenn Peter Jennings, der Nachrichtensprecher des Senders ABC, Humphreys Namen fallen ließ, rannte ich mit derselben Begeisterung ins Wohnzimmer, als hätte ich die Titelmelodie der Schlümpfe gehört.

Schließlich gelang es, Humphrey dazu zu bewegen, ins offene Meer zurückzuschwimmen, indem man einen Hightech-Lautsprecher in den Fluss hielt, aus dem die Rufe fütternder Buckelwale plärrten, denen er folgte. Ob Nachrichtensprecher oder meine Lehrer: Alle sprachen bei diesen Rufen von »Gesang«, was im Verständnis der Siebenjährigen, die ich damals war, so ankam, als würden Wale schmachtend vor sich hin trällern. Ich sehe noch die letzten Bilder vor mir – wie aus einem Disney-Film! –, von den Booten, die den Schatten eines gigantischen Fischs unter der größten Brücke hindurchführten, die ich je gesehen hatte. All dies in einem fernen Land, das keiner aus meiner Familie je besucht hatte, und der Heimweg des Wals führte just unter der Brücke hindurch, deren Name so unvergleichlich fantastisch klang: Golden Gate.

Eine solche irrige Magie ging für mich von großen Teilen der Tierwelt aus und trieb mich geradewegs in eine Sackgasse – ich war unfähig, die kontextuelle Kluft wahrzunehmen zwischen den Tieren, die in unserer Welt leben, und denjenigen, die man erfand, damit sie mir gefallen. In jenem Moment in der Entwicklung eines Kindes, in dem es lernt, zwischen natürlichen Wundern und wundersamen Erzählungen zu unterscheiden, gab es bei mir eine Art Fehlzündung. Nur aus der Distanz einer Erwachsenen kann ich die Unterscheidung überhaupt wahrnehmen, und ich weiß nicht, ob das typisch ist für Kinder meiner Generation, denn ich bin allein aufgewachsen.

Ich wurde Ende der siebziger Jahre geboren, vier Tage vor Ostern, und auf sämtlichen Glückwunschkarten, die meine Mutter erhielt, tummelten sich pastellfarbene Hühnchen und Lämmer. Die Schwestern schrieben mein Geschlecht und meine Krankenhausnummer auf Karten mit rosa Tanzbären, die sie an den Stubenwagen und die Zimmertür hängten. Irgendjemand schenkte mir einen Plüschhasen mit dunkelblauem Hemdchen, der auf frühen Fotos neben mir sitzt. Auf all diesen Schnappschüssen bin ich ein verschlafenes, pelziges kleines Ding.

Meine Mutter trug mich in einem Neugeborenendeckchen nach Hause, das mit Gänsen in blauen Hauben gemustert war. Meine Geburtsanzeige mit meiner Länge und meinem Gewicht verschickte sie auf Karten mit gestickten Enten. Die ersten Ereignisse meines Lebens wurden in einem Buch festgehalten, auf dessen Umschlag ein fettes Kaninchen zu sehen war. Ich schlief in einem gelben Beatrix-Potter-Krippen-Set, umgeben von Peter Hase, Katerchen Moppel und der Maus Hunka Munka.

Das war ein Jahr, nachdem der Kunstkritiker John Berger die erste Fassung seines Essays »Warum sehen wir Tiere an?« veröffentlicht hatte, der auf dem Gebiet der Tierstudien oft als Gründungsdokument gefeiert wird. Zu Beginn des Textes umreißt Berger einen Verlust: Früher, und für sehr lange Zeit, spielten Tiere im menschlichen Leben eine entscheidende Rolle; sie umgaben Menschen und Kulturen in einem engen Kreis, der sowohl den Alltag als auch das Spirituelle berührte. Doch durch die industrielle Revolution und alles, was sie im 20. Jahrhundert nach sich zog, so Berger, zerbrachen »Traditionen (…), die bisher zwischen den Menschen und der Natur vermittelt hatten«. Aus Bergers Sicht waren Tiere von nun an nicht mehr »Botschafter und Verheißung« von Kultur oder unsere Verbündeten im Kampf ums Überleben. Sie traten nur noch als kastrierte Haustiere auf, als eingehegte Zooexemplare oder in Form »kommerzielle[r] Verbreitung der Tier-Bildersprache«. Diese kommerziellen Bilder, Stofftiere und Bilderbuchtiere imitierten die »Banalität der herrschenden sozialen Praktiken«, schrieb Berger und ergänzte: »Die Bücher und Zeichnungen von Beatrix Potter sind ein frühes Beispiel«.

Laut meinem Peter-Hase-Babytagebuch war »Old MacDonald« das erste Lied, das ich singen konnte, und das Wort »Kätzchen« kannte ich gegen Ende meines ersten Lebensjahres. Zum Geburtstag backte mir meine Mutter einen Schokoladenkuchen in Form einer Katze und steckte ungekochte Spaghetti in die Glasur (als Schnurrhaare). Damals erzählte ich jedem, den es interessierte, wie das Kätzchen machte, wie das Hündchen machte und sogar wie das Fischlein machte. Nachts in meinem Kinderbett sah ich auf ein Mobile aus wattierten Stoff-Vierfüßern, die sich zum Kinderlied »The Farmer in the Dell« drehten. Mein grünes Bikini-Oberteil hatte die Form von zwei glubschäugigen Fröschen, das braun karierte Kleid, das ich zu einem Fototermin mit dem Weihnachtsmann trug, schmückten bebrillte Eulen, und zu Ostern bekam ich ein Plüsch-Kaninchen mit rosa Schürze – Tammy, meine beste Freundin –, das ich während meiner Kindergartenzeit nur selten aus der Hand gab.

Heute ist mir klar, dass ich als Kind – in einem Haus, das ansonsten nur von zwei Erwachsenen bewohnt wurde – ziemlich einsam war, was in mir eine empfindliche Stelle hinterlassen hat – nicht gebrochen, nur lädiert –, die ich noch immer verorten kann. Drücke ich sie, fühlt sich die einsame Stelle an wie Verlorensein; sie erinnert mich daran, dass ich jahrelang das einzige Exemplar meiner Spezies war (die Spezies modernes Kind). Es ist erstaunlich, dass ich Humphrey, das einzige Geschöpf seiner Art weit und breit, dennoch nicht als Teil meiner realen Welt wahrnahm. Doch ganz sicher wurde der einsame Punkt durch die Verheißungen und Botschaften von (wie ich glaubte) Tieren gelindert. Ich war besessen von Tierbüchern, -spielzeug und -filmen. Mit *The Poky Little Puppy* (Der winzig kleine Welpe) lernte ich lesen. *Wilbur und Charlotte* brachte mir bei, dass Ratten eklig sind und dass meine Mutter eines Tages sterben wird. *Koko's Kitten* (Kokos Kätzchen) brachte mir bei, dass jedes Lebewesen sich nach etwas sehnt, um das es sich kümmern kann. Noch heute kann ich die meisten dieser Tiergeschichten auswendig; sie leisteten mir Gesellschaft.

Abends, nachdem ich mein Zimmer aufgeräumt, das heißt alle herumliegenden Sachen in den Wäschekorb am Fußende meines Betts geworfen hatte, konnte ich meine Stofftiere im Korb in der Dunkelheit winseln hören. War ich allein im Garten, tat ich oft so, als wäre ich ein Waisenkind in der Wildnis. Ich platschte im Regen herum und erfand Gründe, in den Schlamm zu fallen. Ich malte mir aus, welches Tier mich finden und (vielleicht sogar wortwörtlich) unter seine Fittiche nehmen würde.

Manchmal war es ein echtes Tier, ein Wildpferd oder ein Wolf, doch genauso oft war es etwas Fantastischeres – ein Glücksdrache oder ein Schimmel, der fliegen konnte. Für mich bestand zwischen ihnen nicht der geringste Unterschied.

Im Humphrey-Jahr wurde ich sieben und feierte in einer Pizzeria, die für ihre animatronische Musikband bekannt war, in der Tiere die Instrumente spielten: ein Braunbär am Schlagzeug, ein Gorilla an den Tasten, ein Eisbär an der Gitarre. In programmierten Intervallen traten die Robotertiere »live« auf, in den Pausen fiel ein Vorhang. Ich schlich mich dahinter und betrachtete die Tamburinspielerin in ihrem Faltenrock: eine riesige deaktivierte Cheerleader-Maus. Ihre lilafarbenen Augenlider waren starr und halb geöffnet, sobald ihr der Strom abgedreht wurde.

Der klügste Abschnitt von »Warum sehen wir Tiere an?« erzählt vom Blickwechsel zwischen einem Tier und einem frühen Menschen. Berger bestimmt nicht näher, wo und wann es stattgefunden haben mag, doch erleben sein Mensch und sein Tier, indem sie einander in die Augen sehen, ein tiefes gegenseitiges Verständnis. Sie erkennen ihre gemeinsame Kraft und ihre jeweiligen Geheimnisse. Berger nennt ihre Verbindung eine »nicht-sprechende Gesellschaft«, die auf dem Fehlen einer gemeinsamen Sprache basiert. Sie erlaubt Mensch und Tier entlang »parallele[r] Linien« zu leben, wobei der Mensch spürt, wie sich im Blick des Tieres die »Einsamkeit des Menschen als Gattung« verstärkt.

»Dieser Blick zwischen Tier und Mensch«, so Berger, hat »vielleicht eine wesentliche Rolle in der Entwicklung der menschlichen Gesellschaft gespielt«. Die Nähe der Tiere war für uns inspirierend – sowohl das, was wir von ihnen wussten, als auch das, was wir nicht wussten. Und während das Ergebnis dieses vereinsamenden Blicks den Tieren eine spirituelle Macht verlieh und ihnen einen Platz in der menschlichen Kunst sicherte, sorgte ihre Nähe als Nutz- und Raubtiere dafür, dass sie »echt« und lebenswichtig blieben. »Sie wurden unterworfen *und* verehrt, gezüchtet *und* geopfert«, schreibt Berger. Dank dieses Berger'schen Blicks gehörten Tiere in alle entscheidenden Bereiche menschlichen Lebens – die religiösen und die alltäglichen, die biologischen und die mythischen. Mit diesem Blick konnte ein Löwe den Menschen gleichzeitig zum bedrohlichen Nachbarn und Gott werden. Dieser Blick sorgte dafür, dass Tiere »*dorthin* und auch *hierher*« gehörten.

Doch ich sollte laut Berger diesen Blick selbst niemals erleben, weil die echten Tiere, schon lange bevor ich auf die Welt kam, aus meinem eigenen *Hier* entfernt worden waren. Das erkenne ich mit ganzem Herzen an. Für mich war *hier* bloß eine synthetische Wildnis. *Hier* war Minnie-Maus-Shorts und ThunderCats-Badespielzeug, Plüschsäugetiere, denen ich im Bett meine Geheimnisse anvertrauen konnte. Und trotzdem gab es in meinem *Hier* immer Abbildungen von Tieren. Falsche Tiere bewohnten meine unmittelbare Umgebung viel zahlreicher als Menschen und Maschinen (auch wenn sie meinen Blick nicht erwidern konnten). Ich muss mich daran erinnern, dass diese Tiere mit der Realität im Grunde nichts zu tun hatten. Doch weil sie omnipräsent und allein zahlenmäßig allem anderen überlegen waren, bildeten sie mein Universum; ein wahrer Ansturm nachgemachter Tierpräsenz bestimmte jede Faser meines *Hier*. Ich frage mich, ob Berger jemals bedachte, was es für künftige Generationen bedeuten mochte, dass die »kommerzielle Verbreitung« von Tierbildern junge Hirne derart intensiv erfasste.

Wo Berger in seinem Essay von Menschen des 20. Jahrhunderts spricht, handelt es sich um nicht näher beschriebene Kapitalisten, doch es scheint, als sollten wir uns ausschließlich vollständig entwickelte Wesen vorstellen. In Bergers Gedankenwelt ist nur wenig Platz für Kinder. Im hilflosen »Heute« seines Essays wimmelt es von Erwachsenen, die von der früheren Mensch-Tier-Verbindung nur eine Generation trennt. Doch was passiert, wenn eine Person nach der Verwirrung geboren wird, die zum Zeitpunkt von »Warum sehen wir Tiere an?« bereits vollzogen war? Was passiert, wenn sie nicht nur inmitten einer Scheinmenagerie heranwächst, sondern sich darin selbst *findet?*

Ich würde behaupten, dass meine Tierbilder im Grunde spiritueller Natur waren und dass sie für mich nach Tausenden mit Cartoons und Büchern, Disney-Sendungen und meinem naiven Spiel für mich allein verbrachten Stunden ein intensives *Hier* darstellten. Natürlich war es nicht das *Dort*, auf dem ganze Kulturen aufbauen (oder vielleicht doch?), aber ich glaubte fanatisch daran. Zwar umgaben mich keine echten Tiere, doch nutzte ich ihre Zerrbilder, um Probleme zu lösen, ich sang Tierlieder, um mich zu beruhigen, und sprach selbstverständlich mit ihnen wie in einem Gebet.

Mein Glaube – und ich wurde fern jeglicher Religion erzogen – war diese Leerstelle, in der die »Phantasietiere« des ausgehenden 20. Jahrhunderts herumspringen konnten, wie es mir gefiel. Heute habe ich ein spirituelles *Dort*, auch wenn es verzerrt sein mag, doch es ist mein einziges, während Berger sagt, es gebe keins mehr. Mein Verständnis von Geschichten, Kunst, Fantasie, den Worten zum Schreiben, der Möglichkeit, Dinge zu bewältigen – all das stammt aus den Erfahrungen, die mein unechter Zoo zu meiner frühen Jugend beigetragen hat.

Meine Mutter nahm mich mit in den Nationalzoo in Washington, wo Tausende Zuschauer und ich dabei waren, als eine Giraffe kalbte (»Kannst du glauben, dass wir *hier* waren, als es passierte?«). Im Bronx Zoo ritt ich auf einem Kamel. In einem zweitklassigen Zoo in South Carolina nahm mein Vater mich auf seine Schultern, und ich ärgerte einen Vogel Strauß mit einem Stock, bis er mir in den Turnschuh biss. Im Zoo von Atlanta verbrachte ich eine Woche im Sommercamp und sah mir Walt-Disney-Filme im Labor hinter dem Reptilienhaus an, in dem eine der gelben Schlangen den gleichen Namen trug wie ich. Vorsichtig wurden wir durch Teile des Flamingo-Geheges geführt, und auf der leeren Eisbärenfläche spielten wir sogar Kettensprengen. Dort herumzurennen und zu schreien, wo noch am Morgen die Eisbären umhergelaufen waren, fühlte sich an wie ein Rundgang durch das Wohnhaus eines Stars.

Die meisten dieser Zoos hatte man im Laufe der Zeit renoviert und der heutigen Form von Tiertourismus angepasst, wobei grüne Gehege und Freilichtpavillons die früher üblichen Betonkäfige und Reifenschaukeln ablösten. Bei diesen Zoos handelte es sich nicht mehr um bloße »Theaterkulissen«, wie Berger sie in den späten Siebzigern beklagt hatte, wo »tot[e] Äste eines Baumes für Affen, künstliche Felsen für Bären, Kiesel und flaches Wasser für Krokodile« üblich waren. Natürlicher waren sie selbstverständlich trotzdem nicht.

»Der Zoo kann nur enttäuschen«, schreibt Berger. Er zeige lediglich »lethargisch[e] und langweilig[e]« Tiere, die man ihrer natürlichen Umgebung ebenso beraubt hat wie jeglichen natürlichen Triebs oder individuellen Interesses. Sie sind keine Quelle der Inspiration und können auch nicht jenen entscheidenden Blickkontakt mit den Menschen aufnehmen, die sie besuchen. Im Zoo verläuft das Leben der Menschen und der Tiere nicht in »parallele[n] Linien«, weil die Tiere – wie Haustiere – so sehr von Menschen abhängen, dass sie allein nicht mehr lebensfähig sind.

Doch kann ich mich, anders als Berger es beschreibt, an keine Enttäuschung erinnern; ich war im Zoo immer viel zu beschäftigt, um mir die Tiere länger anzusehen. Auch das konnte Berger vermutlich nicht ahnen: Die Zoos, die ich in den 1980er Jahren besuchte, waren Zoos, in denen die marginalisierten Tiere marginalisiert worden waren. Diese neuen Zoos hatten nicht nur ansprechendere Gehege angelegt, sondern dazwischen auch jede Menge ablenkende »Entdeckungs-Kioske« und Aktivitäten gebaut – Felswände, Malstationen, Kinder-Lokomotiven. An Dutzenden Ständen gab es T-Shirts zu kaufen oder Orangensaft in Plastikflaschen – *in Form einer echten Orange!* Das alles hatte mehr von einem Erlebnispark als von einer Menagerie.

Es ging nicht mehr vorrangig darum, die, wie Berger sagt, »Originale« der Plüschtiere aus unseren Kinderzimmern zu sehen. Ich war dort, um herumzugaloppieren und zu spielen, um mein eigenes Tier zu sein. Die Kinderspiele hielten den Zootieren den Rücken frei, und folglich kamen die mir eher wie die Roboter-Band in der Pizzeria vor. Sie waren die Hintergrundmusik auf einer Party, die jazzige Begleitung eines Nachmittags draußen mit Pferdespiel, einem Picknick und vielleicht ein oder zwei Geschenken.

Während Berger meint, jeder mit Peter Hase aufgewachsene Zoobesucher frage sich: »Warum sind diese Tiere so viel unbedeutender, als ich gedacht hatte?«, hätte ich mich zehn Jahre später wohl eher gefragt: »Was *machen* diese Tiere überhaupt hier?«

Der Teil über den Zoo ist das große Finale des Essays; Berger schließt mit dem bedauernswerten Bild einer Menschenmenge vor einem Tierkäfig, vor einem Geschöpf, das sie auf keine bedeutsame Weise anblicken will. Die Menschen können daraufhin nur einander ansehen und in sich selbst eine Spezies erkennen, »die schließlich ebenfalls isoliert wurde«. Genau an dieser Stelle habe der Zoo versagt. Vielleicht erklärt das, weshalb man mir, als ich zum ersten Mal einen betrat, andere Dinge anbot, die ich machen konnte. Und die ich, das sei nicht verschwiegen, kaufen konnte. Vielleicht ist das die wirkliche Frage, die sich Kinder meiner Generation hätten stellen sollen, als sie in den Zoo hüpften: »Der Kommerz hat mir die echten Tiere genommen – sollte er da nicht für brauchbaren Ersatz sorgen?«

Im Jahr der Humphrey-Geschichte und des Sommercamps im Zoo nahmen meine Großeltern mich mit in den Ringling Brothers and Barnum & Bailey Circus, der in der Stadthalle gastierte. Es war die Saison mit Lancelot, »dem lebendigen Einhorn«, wie er auf dem Programmheft von 1985 angekündigt wurde. Ich kaufte das Heft für drei Dollar von meinem Ersparten und blätterte es nach dem Zirkusbesuch wochenlang durch, bis die Hochglanzseiten irgendwann auseinanderfielen. Dort hieß es, das lebendige Einhorn sei irgendwann im Jahr zuvor einfach in das große Zirkuszelt spaziert, niemand wusste, woher es kam. Lancelot war alterslos; außer dem Hinweis, dass er zum Abendessen angeblich Rosenblüten verspeise, fanden sich im Programmheft keine genaueren Angaben. Auf Farbfotografien stand er üblicherweise neben einer hübschen, à la Miss America aufgemachten Frau im Paillettendress, sein langes weißes Haar – weniger eine Mähne als vielmehr ein Anzug aus lauter Pudellocken – glänzte und war vermutlich dauergewellt.

Das Horn auf seinem Kopf war beeindruckend: doppelt so dick wie das der Titelfigur aus dem Film *Das letzte Einhorn*. Außerdem war es rosaschimmernd angemalt und ragte aus einem Glitzerschaft auf Lancelots Stirn heraus. Auf einem Foto war er mit zwei Kindern in meinem Alter zu sehen. Der blonde Junge auf dem Bild lächelte breit in die Kamera, aber das kleine Mädchen neben Lancelot blickte mit unverhohlener Ehrfurcht auf das Einhorn, als hätte es ganz vergessen, dass es gerade fotografiert wurde. Lancelot selbst starrte auf irgendeinen Punkt auf halber Strecke und sah aus wie ein kleiner weißer Rick James. Wer weiß, was ihm durch den Kopf ging.

Dem Programmheft lag auch ein Poster bei, das ich an meine Schranktür klebte. Es war ein grellbuntes Porträt von Lancelot in einem tollen knallrosa Rahmen mit der Überschrift »Ich habe das lebendige Einhorn gesehen!«. Ich bin nicht sicher, wie viele Unterschiede ich damals zwischen der Einhorn-Illustration auf dem Poster und dem Tier auf dem Foto erkannt habe. Aber heute ist es augenfällig, dass das gezeichnete Einhorn pferdeartiger ist, mit einer aufgestellten Mähne, einem volleren Maul und einem längeren, breiteren Hals. Die Augen sind viel weniger die einer Ziege, und sie sind direkt auf den Betrachter gerichtet.

Im Zirkus galoppierte Lancelot nicht ein; er ritt. Er betrat die Manege auf einem mit griechischen Schnörkeln verzierten hydraulischen Wagen, auf dem sich ein goldbemaltes geschwungenes Podest befand. Auf dem Podest stand eine winkende Tierführerin, deren Outfit an Glinda, die gute

Hexe aus *Der Zauberer von Oz*, erinnerte. Neben ihr Lancelot, die Vorderbeine auf einem winzigen goldenen Sockel.

Ein Verfolgungsscheinwerfer klebte am Gefährt, als es im Manegenrund umhersauste; Lancelot stand aufrecht, schwankte aber mit den Bewegungen des Wagens. Schmalzige Orchestermusik dröhnte aus den Lautsprechern. Von meinem Platz aus war Lancelot kaum mehr als ein weißer Fellfleck. Doch als sein Schellackhorn, das fest und stolz auf seinem Kranium saß, im Scheinwerferlicht erstrahlte, hielten alle um mich herum den Atem an. Er war viel kleiner als ein Pferd – so groß wie ein Pony vielleicht –, was ich, die ich ja selbst klein war, aufregend fand.

Heute frage ich mich, weshalb der Zirkus nicht einfach einem echten Pferd ein Horn umgeschnallt hat. In Arenen dieser Größe hätten sie es mit ein bisschen Theaterzauber leicht überzeugend herüberbringen können. Doch mit dieser Kreatur, die selbst aus der Ferne kein Pferd mit Horn war, wollte der Zirkus etwas anderes erreichen. Vielleicht brauchten sie ein Horn, das auch in Nahaufnahmen wie angewachsen aussah. Sie wussten, ich würde mich in ihr Heft hineinsteigern, deswegen wollten sie ein Einhorn, das zu Hause, ohne Nebel und Scheinwerfer, biologisch korrekt anmutete. Doch vor allem wollten sie uns wohl überraschen, auch wenn zu dieser Überraschung ein lächerliches Geschöpf gehörte. Es war brillante Zirkuslogik: Dieser schrille Nicht-Pferdekörper war so verrückt, dass der Hinweis, er ernähre sich von Blütenblättern, vollkommen schlüssig schien. Mit anderen Worten, der Zirkus hoffte, dass ich, je unnatürlicher Lancelot aussah, umso glücklicher sei.

Das Gefühl, an das ich mich bei dieser Matinee erinnere, ist ein Schmerz tief unten an jener empfindlichen Einzelkind-Stelle in mir. Er schwächte die fragwürdigen Details von Lancelots unheimlichem Körper ab. Unter dem »Zelt« hatte ich grundsätzlich verstanden, dass mit diesem Einhorn irgendetwas nicht stimmte, und trotzdem sehnte ich mich nach ihm. Meine Gefühle hatten nichts mit seiner Echtheit zu tun; es ging darum, (relativ) nah an etwas dran zu sein, bei dem Magie hinter den Kulissen im Spiel war. Das ist eine Umkehrung von Bergers Tieren im Zoo, den echten, aber gescheiterten Versionen von Spielzeugtieren. Lancelot war das prächtige Gegenteil: ein vorsätzlich gefälschtes Spektakel mitten im Zirkusrund, das mir versicherte, bei all meinen eigenen schlichten Fantasien handele es sich tatsächlich um glaubwürdige Magie. Der wilde und verrückte Lancelot stand vor mir; ihn konnte man sowohl besuchen als auch erträumen. Die Einhorn-Ziege war, jedenfalls für mich, sowohl *dort* als auch *hier*.

So wie ich vermutete und später verdrängte, dass das Einhorn nicht echt war, ahnte ich, dass man ihm irgendetwas angetan haben musste, auch wenn selbst das mein Vergnügen nicht schmälern konnte. Noch begriff ich nicht, wie teuer erkauft die Anwesenheit eines echten Tieres in meiner Fantasie sein konnte. Das beschämt mich am meisten, denn ich weiß, dass diese Ignoranz auf gewisse Weise in mir weiterlebt. Ich begriff nicht oder weigerte mich darüber nachzudenken, um welche Sorte von Unterwerfung es sich handeln könnte – all die menschlichen Methoden, andere Geschöpfe aufzuschneiden und zu verändern.

In keiner ihrer Erzählungen erwähnt Beatrix Potter, dass die Hornknospen von Ziegenböcken bei der Geburt lose sind und in der ersten Lebenswoche unter der Haut hin und her wandern. Es war mir unvorstellbar, dass jemand eine neugeborene Ziege vivisezieren und die Knospen von ihrem eigentlichen Platz oberhalb der Augen an die vorderen Schädelknochen verpflanzen könnte. Zehn Tage später im Leben der kleinen Ziege wäre dieses Verfahren unmöglich, weil der Schädel zu diesem Zeitpunkt bereits erstarrt ist. Doch ein unternehmungslustiger Mensch, der gerade eine neugeborene Ziege zur Hand hat, kann ihre Stirnhaut in vier Lappen schneiden und diese so anordnen – das Verfahren nennt sich *Pedicling* –, dass die Hörner, sobald sie sich ausbilden, über der Pinealdrüse zusammenwachsen und als einzelne Keratinsäule hervorbrechen.

Zwar war ich besessen von Fantasie, doch wie hätte ich *darauf* kommen sollen? Wo in meinen wildesten Erstklässlerträumen war das USamerikanische Patent Nummer 4 429 685, das einem auf Tierchirurg umgesattelten separatistischen Religionsführer namens Timothy G. Zell alias Otter G'Zell alias Oberon Ravenheart die Urheberschaft an einer »Methode zur Züchtung von Einhörnern« rechtmäßig zuerkannte?

Nach einem Auftritt von Lancelot in New York City benachrichtigte jemand die Amerikanische Gesellschaft zur Verhinderung von Gewalt an Tieren. Die nationale Arzneimittelzulassungsbehörde untersuchte die Ziege eingehend und erklärte sie für kerngesund, wenn auch deformiert. Ein weiterer Anruf galt der New Yorker Verbraucherzentrale, und die Frage lautete, ob Lancelot überhaupt legal als »Einhorn« angekündigt werden dürfe. Der Zirkus antwortete mit einer ganzseitigen Anzeige in der *New York Times* – »Lasst euch die Fantasie von den Miesepetern nicht kaputtmachen!« – und wollte nicht zugeben, dass er Lancelot seinem Schöpfer für eine sechsstellige Summe abgekauft hatte. Lancelot ging noch auf eine weitere landesweite Tournee und verschwand dann aus dem Zirkus, der seither keine Silbe mehr über ihn verloren hat.

Selbstverständlich hatte ich nichts von alldem in meinem Kopf, als ich Lancelot sah. Ich war ganz einfach eines von Tausenden 1978 geborenen amerikanischen Kindern, die einer chirurgisch veränderten Ziege dabei zusahen, wie sie in den Stadthallen der Nation auf einem goldenen Wagen ihre Runden drehte. Und jetzt stehe ich da, dreißig Jahre später, und versuche zu erklären, was passiert, wenn ich Tiere ansehe, und das Geschöpf, das meine empfindlichste Stelle pochen lässt, ist ausgerechnet dieses verkorkste Exemplar von einem Tier – mehr noch als der Buckelwal, die kleine Giraffe oder die Schlange mit meinem Namen.

Vielleicht ist genau das die Coda zur letzten Zoo-Szene von »Warum sehen wir Tiere an?«, denn das ist es, was aus einem Tier-Bewusstsein heute werden kann. Vier Jahrzehnte nach Berger ist das Tier in *meinem* Kopf ein grelles, aber überzeugendes Wesen, das schon von Anfang an herzlich unwirklich war. Seine Form, so beispiellos und unnatürlich sie auch gewesen sein mag, besteht fort. Darin steckt eine schiefe, mythische Natur –

was wiederum die einzige Art von Natur ist, die ein Kind wie ich jemals verstehen wird.

Das Tier in meinem Kopf ist farbenfroh und geckenhaft und qualvoll verkehrt. Lancelot ist der lebende Beweis für meine merkwürdigen Sehnsüchte und meine Fähigkeit, grausame Realitäten auszublenden. Und seltsamerweise wurde er von staatlicher Seite abgesegnet; Lancelot hält sich an die Regeln. Die Linien unserer beider Leben verlaufen nicht parallel, sondern biegen sich – aus reiner Willensanstrengung, wie Löffel – aufeinander zu, bis sie sich berühren.

Mehr als einem wilden Mustang oder einem treuen Hund, sogar mehr als einem Häschen von Beatrix Potter ähnelt meine Beziehung zu Tieren dieser sahneweiß getönten Mutantenziege mit ihrem tränenden Auge – diesem Überlebenden einer Hinterwäldler-OP, dem ein pastellfarbener Riesenschwanz aus dem Hirn sprießt. In mir verwuchsen das *Hier* und *Dort* von Lancelot an jenen Stellen meines Kopfes, die – dort, wo ich auf die Welt kam – abgelöst und verdreht wurden, damit etwas skandalös Neues sprießen konnte. Es ist nicht unwahrscheinlich, dass ich jedes Mal, wenn ich über ein Tier schreibe, eigentlich über ihn schreibe – was zu meiner Bestürzung genauso gut bedeuten könnte, dass ich eigentlich über mich schreibe.

Ja, sagt Lancelot und wendet sich mir mit seinen funkelnden Ziegenaugen zu. Er blickt geradewegs in meine einsame Seele, und irgendetwas in meinem Schädel erzittert. *Komm und sieh, was für dich gemacht wurde – sieh dir das lebendige Einhorn an. Komm hierher, Elena Marie. Sieh mir in die Augen. Kannst du glauben, auf wie viele Arten du und ich füreinander gemacht sind?*

KOKO

(Gorilla gorilla gorilla)
1988

Schließlich schimpfte Ms. Patterson mit ihr und zeigte
»böser Gorilla«, woraufhin Koko »lustiger Gorilla« zeigte
und lachte.

Associated Press

G orilla Koko erzählt einen berühmten Witz:

Vater-Gorilla, Mutter-Gorilla, Baby-Gorilla hungrig. Brauchen Arbeit.

Bart-Mann sagen: »Was Arbeit?«

Vater-Gorilla sagen: »Wirklich zusammen Show. Nett Show. Gut Übung. Licht-aus gut.«

Bart-Mann sagen: »Schnell, mir geben.«

Vater-Gorilla sagen: »›Hallo!‹, machen Mutter-Gorilla; ›hallo!‹, machen Vater-Gorilla. Zusammen tanzen; klatschen Leute. Vater-Gorilla Harmonika; Mutter-Gorilla Clownzeit; klatschen Leute. ›Hallo!‹, machen Baby-Gorilla. Skateboard machen, Puppe Tanz machen; klatschen Leute. Vater-Gorilla küssen, Mutter-Gorilla küssen; Gorilla umarmen, Mutter-Gorilla Brust finden; klatschen Leute. Brust küssen, Brust reiben, Brust zwicken, Brust schlagen, Brust-an-Po, Nagelknipser Brust, viel viel Brust berühren. Zunge Brust. Brust Sandwich.«

Bart-Mann sagen: »Wer Brust?«

Vater-Gorilla sagen: »ALLE Brust. Jetzt Vater-Gorilla, Mutter-Gorilla Kuckuck-Gurke. Stoßen Bauch. Kuckuck-Gurke mit Klaps-Po. Mit Raufgehen-mein-Po. Rausziehen Haare. Übel Zeit. Gemein Liebe. Mutter-Gorilla umschnallen Gurke; Skateboard fahren machen. Klatschen Leute.

Mutter-Gorilla finden Baby-Gorilla. Kleine Nudel ziehen. Schließen Mund. Würgen Kaulquappe. Mayonnaise Halskette. Vater-Gorilla da; sitzen Vater-Gorilla. Durstig Vater-Gorilla lecken; Mutter-Gorilla umschnallen. Baby-Gorilla sitzen Mutter-Gorilla. ALLE KUCKUCK-GURKE. Ärger Gurke.

Baby-Gorilla holen Ingrid. ›Hallo!‹, machen Ingrid. Ingrid umdrehen; Baby-Gorilla kämpfen. Ingrid Ärger. Teufel Ingrid. ›Du böse dreckig Toilette, Ingrid.‹ Ingrid Pudding machen. Ingrid lachen; Ingrid essen. Ingrid krank. Mutter-Gorilla probieren. Flasche-Streichholz! Ingrid elektrisch Pudding. Ingrid holen Vater-Gorilla. Gurke Flasche-Streichholz! Kuckuck-Gurke brennen jetzt!

Ingrid Loch Rauch-Ring blasen. Mutter-Gorilla Loch blasen Harmonika. Vater-Gorilla tanzen, Ballon auf Nudel. Baby-Gorilla Clownzeit, Ballon-auf-Kaulquappe. Ingrid Loch rauchen-rauchen. Herum zusammen Skateboard machen – rauchen Nudel Ballon Harmonika fahren alle! Harmonika Loch spielen ›Purple Rain‹! Alle MAYONNAISE REGEN! Alle Ende! Danke.«*

Bart-Mann sagen: »Wow. Was Name Show?«

Vater-Gorilla sagen: »WIR WUNDERVOLL SNOB-LEUTE!«

Bart-Mann lächeln-stirnrunzeln.

Vorhang.

---

* Der Text von »Koko« basiert vollständig auf dem mehr als tausend Wörter umfassenden Vokabular eines berühmten Gorillas, der die Gebärdensprache beherrscht. Ich habe mich an das dokumentierte Lexikon gehalten und versucht, syntaktische Wortverbindungen wiederzugeben, die der Gorilla zahllosen Quellen zufolge verwendet, der eigentliche Witz aber – nach dem Muster der berühmten »The Aristocrats«-Witze – ist meine Erfindung (auch wenn Koko tatsächlich für ihren Sinn für Humor bekannt ist).

OSAMA

(Crocodylus niloticus)

1998

Emotional können wir nur schwer trennen zwischen
einem Menschen, der ein Tier isst, und einem Tier, das einen
Menschen frisst.

Alistair Graham, *Eyelids of Morning*

D as Krokodil Osama lebte am Ufer des Viktoriasees in Uganda.
So beginnt »Ein Krokodil namens Osama«, ein Kapitel des Lehr-
buchs Conquering Comprehension (Das Verstehen erobern).
Das für australische Schüler geschriebene Buch ist in sechsundzwanzig
Lektionen unterteilt, wobei jede Lektion aus einem kurzen Essay besteht,
der einen Schreibstil exemplarisch vorführt, und dazu gibt es eine Handvoll kritischer Fragen. Lektion zwei, »Literarische Beschreibung«, ist eine
detailreiche Szene mit einem Mädchen namens Abigail, das aus einem
Fenster sieht. Lektion vier, »Vorgehensweise«, ist eine stichwortartige An-
leitung zum Kajakfahren. Und die fünf Absätze von »Ein Krokodil namens Osama« machen die gesamte dritte Lektion aus, »Tatsachenbeschreibung«.

> Er war beinahe fünf Meter lang, wog eine Tonne und
> hatte in seinem sechzigjährigen Leben dreiundachtzig
> Einwohner des am See gelegenen Dorfes Luganga ge-
> fressen.

Die einfache fuchsiarote Zeichnung eines Nilkrokodils, die auf der Seite
der dritten Lektion viel Raum einnimmt, hat nur wenig zu bieten, was
sich als Tatsache bezeichnen ließe oder zur Beschreibung taugte. Das
Reptil im Buch hat einen schlankeren Körper als ein echtes sechzigjäh-
riges Krokodil. Die Augen treten nicht genug hervor. Der Bauch müsste

dicker und schmutzig-lila sein; der Schwanz gehörte länger und gestreift. Und viele Eigenschaften eines solchen Spitzenprädators werden gar nicht erst erwähnt: dass Osama seinen Atem unter Wasser eine Stunde lang anhalten und seine Verdauungssäfte so zügeln kann, dass er ein Jahr lang ohne Nahrung auskommt. Dass er notfalls an Land laufen kann und dass er in jüngeren Jahren sogar galoppiert sein mag. Dass er auf der Jagd nach einem einzigen Tier bis zu einer Woche lang im Brackwasser seines Sees treibt – eine Tonne Reglosigkeit auf der Lauer.

Abgesehen von den entsetzlichen Taten seiner Vergangenheit hatte Osama inzwischen eine neue, teuflische Angewohnheit:

Im Laufe der Jahrhunderte haben diese Tatsachen zur Größe und Biologie des Tieres das menschliche Verständnis erobert. Aufgrund dieser Tatsachen erhoben die Menschen Nilkrokodile zu ihren Göttern – gierige Gottheiten, die rauben und schwindeln und auf den Rücken halb verspeister Menschen vögeln. Ihretwegen behängten Menschen ein zahmes Krokodil mit Juwelen und besangen es bei ihren Festen; sie schmückten sich selbst als Krokodil oder verfütterten die Eingeweide ihrer Könige an die Monster im See. Aufgrund dieser Tatsachen schmieren Fischer den Rumpf ihrer Boote mit Krokodilfett ein, um Blitze abzuleiten, oder ihre Haut mit Krokodilhirn, um weitere Angriffe der Tiere abzuwenden.

Seit neuestem ließ er die Boote kentern, wenn er einen der Dorffischer packen wollte, und sprang sogar an Bord, um seine Opfer einzufordern.

Doch keine dieser Tatsachen zu Natur, Legende oder Appetit der Tiere taucht in der dritten Lektion »Tatsachenbeschreibung« auf. Die 274 Wörter des Abschnitts haben ihren jungen Lesern nicht mehr zu bieten als die

»Beschreibung« einer »Eroberung« und die »Tatsache« eines unverständlichen Namens.

Die Dorfbewohner riefen Beamte der ugandischen Umweltbehörde zu Hilfe, die einen ausgeklügelten Plan entwickelten, wie der Menschenfresser gefangen werden könne.

Als *Conquering Comprehension* 2006 erstmals veröffentlicht wurde, trug Osama, obwohl er schon sechzig Jahre alt war, seinen Namen noch nicht lange. In den ersten zehn Jahren seiner blutigen Serie hatte man ihn John Major genannt. Davor hieß er *goonya*, *mamba* oder *temsah*, je nachdem, wer von der relativen Sicherheit des Ufers aus gerade auf ihn zeigte. Und noch früher, zu Zeiten von Herodot, der ihn als auf dem Wasser treibendes Rückgrat mit Augen beschrieb, nannte man ihn »Steinwurm« oder »Steinschwanz« oder, noch beunruhigender, »Steinmensch«.

Sie hängten einen Leckerbissen – die Lunge einer toten Kuh – über die Zweige eines Baums in der Nähe von Osamas Versteck und warteten eine ganze Woche auf den Angriff des Krokodils.

Es liegt nahe, in einem Namen eine Art Tatsachenbeschreibung zu erkennen. Namensgebung staut – genau wie die festlegende Natur von Tatsachen – kinetische Energie. Namen versenken etwas Uneinnehmbares – einen Wirbelsturm, einen gefährlichen Virus, einen Menschenfresser – mit der Last eines neuen, menschengemachten Etiketts. Und ein Name ist auch ein Beweis – dafür, dass wir die geheimnisvolle Kraft einer Laune der Natur nicht ertragen, wenn sie sich von uns ernährt. Wir zweifeln an unserer Fähigkeit, ins Innerste eines mysteriösen, unmenschlichen Etwas vorzustoßen, einem verheerenden Orkan beispielsweise oder einer

Epidemie. Beim Versuch, dieses Etwas zu übertreffen, können wir uns seine Ideen nicht einfach zu eigen machen. Daher geben wir ihm einen Namen und hoffen, es so der chaotischen Maschinerie zu entreißen, in der es von Natur aus gedeiht.

Und tatsächlich schlug er zu: Er sprang aus dem Wasser und schnappte mit seinem mächtigen Kiefer nach der Beute.

Gemeinsam arbeiten wir daran, das Etwas umzubenennen. Auf diese Art versichern wir einander, dass wir einen Weg gefunden haben, es zu kontrollieren. Die Namensgebung wird damit zu einem defensiven Akt und zwängt das, was unsere Prozessoren blockiert, an einen engeren, verständlicheren Ort. Vielleicht, so hoffen wir, können wir uns damit über Wasser halten, wenn sich dieses neu benannte Etwas uns nähert – wenn es die natürlichen Tatsachen dieser Welt rammt, auf denen wir dahintreiben.

Ein tödlicher Fehler.

1998, als das Krokodil namens John Major anfing, in die kleinen Boote zu springen, verbreitete sich an Land eine neue Tatsache: dass dieses Tier zu grausam war, als dass es Teil der Natur sein könne. Gleichzeitig verbreitete sich das Gerücht, die überlebenden Fischer – diejenigen, die Saison auf Saison unversehrt blieben – seien nicht aus Gewieftheit oder schlicht aus Glück noch am Leben. Ein Geist, der ihnen unter ihren Booten, aus den Tiefen des Sees, etwas zuflüsterte, beschütze die Nicht-Gefressenen. Auf faustische Art steckten sie mit dem jenseitigen Bösen unter einer Decke, das wurde den anderen Fischern mit einem Mal klar. Und so gaben sie dem Krokodil einen neuen Namen, und zwar den des Leibhaftigen selbst. Manch einer in jener Gegend am Viktoriasee behauptet noch heute, der wahre Name des Krokodils laute Satan.

In der Kuhlunge verbarg sich eine Kupferfalle an einem langen Seil.

Und dann töteten im August 1998 Bomben in zwei nahegelegenen Botschaften zweihundert Menschen und verwundeten zwanzigmal so viele. Der Name des Mannes hinter den Anschlägen wurde eine neue Tatsache, die die Menschen zu schlucken hatten. Dieser neue Name war besser als Satan, trotz der zusätzlichen Silbe und der klanglichen Distanz zu »Sankt«. Und als das Krokodil das zehnte seiner nächsten Opfer forderte, hatte sich der neue, explosive Menschenname längst auf seinem schildbewehrten Rücken festgesetzt. Der Name dieses fremden Menschen, der weder zu fassen noch zu verstehen war, übertraf selbst Satan. Denn nichts ist wilder und angsteinflößender als ein Mensch, der andere Menschen mit Hilfe einer großen Bombe frisst. Osama. Nichts kommt dem Teufel näher und trägt doch die Züge eines Menschen.

Je heftiger Osama sich wehrte, desto mehr verheddderte er sich.

Einem Menschenfresser den Namen eines Menschen zu geben ist bemerkenswert und fragwürdig zugleich. Nichts zwingt uns dazu – siehe die Bestie des Gévaudan, den Leoparden von Rudraprayag, die Malawische Terrorbestie. Siehe *Der weiße Hai*. Es hat etwas zu sagen, wenn ein Raubtier nicht nach einer Region, einer Synekdoche oder einem Steinschwanz benannt wird, sondern wie ein Menschenbaby einen kleinen Vornamen bekommt. Was bringt uns dazu, einen geschickten Menschenfresser derart in unsere Nähe zu rücken?

Fünfzig Mann zogen am Seil, das an der Falle befestigt war, und holten das wütende, kämpfende Krokodil aus dem Wasser.

War es, weil wir dem Krokodil menschliche Berechnung einpflanzen wollten? Müssen wir dem Krokodil die Macht geben, jene bösen Eingebungen heraufzubeschwören, zu denen unsere Menschenteufel fähig sind? Vielleicht ist es ganz einfach zu schwer, ein Krokodil wirklich zu *hassen*, mit seinen ausdruckslosen Augen, seinem kalten Blut und dem erdnussförmigen Herzen. Nachdem es so viele Menschen getötet hat, suchen wir nach einem Weg, den Hass zu spüren, der für jene von uns reserviert ist, die unsere Verwandten fressen.

Schon bald hatten die Dorfbewohner Osama gefesselt und geknebelt, und sein Schicksal lag in ihren Händen.

Oder vielleicht ist es ganz einfach so, dass nichts unverständlicher ist als ein Tier, das zu blutigem *Vergnügen* imstande ist. Wir verstehen das Tier, das menschliche Angreifer anfällt oder seine Jungen verteidigt. Ein giftiger Biss oder ein Stich in die Brust ist das nachvollziehbare, unbarmherzige Werk der Natur, und wir Menschen haben weiß Gott wenig dafür getan, das Vertrauen des übrigen Königreichs zu gewinnen. Doch sind die unbezwingbaren Menschenfresser nicht auf Vergeltung aus, weshalb aus ihrer Sicht Menschen nicht viel mehr als Klumpen essbarer Einzelteile darstellen dürften. Auch wenn wir es nur ungern zugeben: Die Bauteile, die es uns erlauben zu reisen, Dinge zu erfinden oder sogar Botschaften voller Menschen in die Luft zu jagen, sind am Ende nicht schwerer zu verdauen als die Beine eines Gnus oder das Herz einer dummen Gazelle.

Stellt euch vor, wie überrascht sie waren, als die Umweltbehörde ihnen sagte, sie dürften ihn nicht erledigen.

In dem Namen des Mannes, den man diesem Tier gegeben hatte, verbirgt sich tatsächlich noch ein anderer Menschenfresser. Im Arabischen bedeutet der Name Osama »katzenartiges Raubtier« oder »Löwe« oder »Mal des

Löwen«. Er ist einer von einem Dutzend arabischer Vornamen mit Löwen-Assoziation, wie es sie auch im Jiddischen, Französischen, Gälischen, Hebräischen, Türkischen, Vietnamesischen gibt. So viele von uns geben ihren Menschenbabys – vor allem den männlichen – einen Löwennamen, vielleicht weil er ihnen die Aura von Anmut und Kraft verleiht. Osama-der-Löwe ist der Name eines gelbbraunen Königs und seines mächtigen Herzens. Osama-der-Löwe ist ein gewaltiger Mann, qua Status entspannt und vielleicht selbstbewusst genug, in seinem eigenen unverständlichen Hunger eine Ordnung zu erkennen.

Offenbar hatte selbst Osama Rechte.

»Löwe« nannten wir auch die beiden Menschenfresser, die 1898 Eisenbahnarbeitern auflauerten, die jene Schienen verlegten, die den Indischen Ozean mit Osamas See verbanden. Genau ein Jahrhundert bevor der Mensch-Osama die Botschaften in die Luft jagte und der Kroko-Osama umgetauft wurde, zerrten zwei namenlose Löwen 135 Eisenbahner aus ihren dünnen Zelten am Seeufer – beinahe einen pro Nacht. Jeden Morgen wachte der Vorarbeiter auf und sah, dass »der Boden überall blutgetränkt war und übersät von Fleisch- und Knochenstücken«. Die kahlgesichtigen Löwen – die Tiere hatten keine Mähne – leckten ihren Opfern sofort die Haut herunter, so wild waren sie auf frisches Menschenblut.

Am Ende rächten sich die Dorfbewohner auf andere Weise:

Selbstverständlich erschoss der Vorarbeiter die beiden schließlich, und die verbliebenen Männer machten sich wieder an die Arbeit. Als die Truppe mit dem Bau der Strecke fertig war, nahm der Vorarbeiter die Löwenfelle mit und legte sie auf den Boden seines Arbeitszimmers, wo er *The Man-Eaters of Tsavo* (Die Menschenfresser von Tsavo) schrieb, einen internationalen Bestseller. Später vermachte er die Menschenfresser einem Museum in Chicago. Sie erhielten neue Namen – FMNH 239-69 und FMNH 239-70 – und sollten dort bis heute bleiben.

Osama musste den Rest seines Lebens in einem Betongehege auf einer Krokodilfarm verbringen, wo er kleine Krokodile zeugte, aus denen Kroko-Handtaschen und -Schuhe gemacht wurden.

Wir haben das Dasein als Räuber überwunden; so lautet der Mythos der Menschen. Bei Licht betrachtet, eine weltferne Haltung: Das am einfachsten zu verstehende Raubtier ist das Raubtier in uns selbst, und die einzigen Wesen, denen wir es zugestehen, uns zu verschlingen, sind Wesen wie wir. Keinem Tiger, der sich in der Dunkelheit versteckt, keinem weißen Wal. Nur einem Botschaftsbomber ohne Klauen, mit einem weichen Schädel und stumpfen Zähnen, der gleichwohl den Namen eines Löwen trägt.

Zu fressen bekam er nur noch tote Hühnchen.

Oder aber einem anderen weichen Menschen, benannt nach einem Fastentag, geboren in den 1920ern, vermutlich am nördlichen Ufer von Osamas See. Als das Krokodil rund dreißig Jahre alt war, hatte sich dieser Mann einen neuen Namen gegeben: Seine Exzellenz, Präsident auf Lebenszeit, Feldmarschall Al Hadschi Doktor Idi Amin Dada, Herr aller Tiere der Erde und aller Fische der Meere. Als er Tausende seiner Landsleute im Viktoriasee versenkte, machte unter den Leuten das Gerücht die Runde, er füttere die Krokodile und fördere so womöglich ihren Appetit auf Menschenfleisch. Doch verbreitete sich noch ein anderes Gerücht – das manchen bis heute als Tatsache gilt –, dass nämlich er selbst angefangen habe, Menschen zu essen, wenn ihm der Sinn danach stand. Befragt nach diesem skandalösen Detail, wandte er seine berühmten hervortretenden Augen ab und sagte: »Ich mag kein Menschenfleisch. Es ist mir zu salzig.«

Es war ein schmähliches Ende für das mächtige Tier, auch wenn manche fanden, dass es zu gut dabei weggekommen sei.

Vier Jahre, nachdem dieser Mensch aus seinem Palast ins behaglichere Exil in Libyen geflohen war, machte sich ein Krokodil im Viktoriasee langsam einen Namen.

WÖRTER UND REDEWENDUNGEN
* Welche anderen Wörter passen in die Wortfamilie, zu der »entsetzlich« und »teuflisch« gehören?
furchterregend schrecklich genügsam niederträchtig garstig freundlich grässlich schauerlich schockierend gehässig abscheulich haarsträubend horrend boshaft

Womit wir wieder bei »Ein Krokodil namens Osama« wären, dem Rachetext für elfjährige Australier, der sich eher den Tatsachen eines Namens widmet als den Tatsachen irgendeines Tiers. Inmitten einer Litanei aggressiver Verben stolpern junge Leser achtmal über den Namen Osama, als wäre es ein Fluchgesang. Sie lesen den Namen, lesen, wie er »gefesselt« und »geknebelt« wird, wie er »kämpft« und dass sein »Schicksal in den Händen« seiner Häscher liegt. Sie sehen, wie dem Namen widerwillig »Rechte« zugestanden werden und man ihn dann für alle Ewigkeit in eine Betonzelle sperrt.

ZWISCHEN DEN ZEILEN – Resümee
* Wie findest du den Plan, Osama zu fangen? (Das
heißt, war er klug, durchdacht, verlangte er Geduld?)
* Was überraschte die Dorfbewohner, als Osama gefan-
gen wurde?
* Findest du ihre Überraschung angemessen?
* Was hätte deiner Meinung nach mit Osama passie-
ren sollen? Findest du, dass er »gut weggekommen« ist?
* Warum findest du das?

Die Zielgruppe des Buches sind lesende Kinder, die elftausend Kilometer von dem Krokodil trennen. Die Fragen am Kapitelende testen weniger, was sie über Krokodile gelernt haben, als vielmehr, was sie über menschliches Wunschdenken wissen. Vielleicht handelt es sich bei diesem Wunschdenken um die raubtierhafteste Tatsache überhaupt.

* Was bedeutet »geknebelt«?

Über den Tod des Krokodils namens Osama ist nichts bekannt. Sein menschlicher Gegenpart wurde 2011 gefasst, und es darf bezweifelt werden, dass das Krokodil diese sechs Jahre als Zuchtmaterial überlebt hat. Als diese beiden Osamas schon keine Tatsachen dieser Welt mehr waren, war der drei Meter große Asiatische Elefant Osama in Assam über ein Dutzend Männer und Frauen hinweggetrampelt, und der Löwe Osama hatte mindestens fünfzig arglose Tansanier gefressen.

WEITERE AUFGABEN
* Finde den Viktoriasee in Uganda in deinem Atlas.
* Bringe etwas über »Sweetheart« in Erfahrung, das
große und furchteinflößende Krokodil, das im Nor-
thern Territory in Australien lebte.

2001 wurden in einem bolivianischen Tierzentrum zwei kleine Jaguar-zwillinge geboren, und einer von ihnen erhielt den Spitznamen Osama, »weil er von beiden der Böse war«. Obwohl er übellaunig und unkontrol-lierbar war, tötete er niemanden; er schaffte es noch nicht einmal aus dem Tierzentrum heraus. Ganz im Gegensatz zu seinem Bruder, der berühmt wurde, weil er 2007 einem Tierpfleger im Zoo von Denver auflauerte und ihn verschlang. Der Name, den seine ersten Pfleger in Bolivien diesem mörderischen Jaguarzwilling gegeben hatten, lautete George W. Bush.

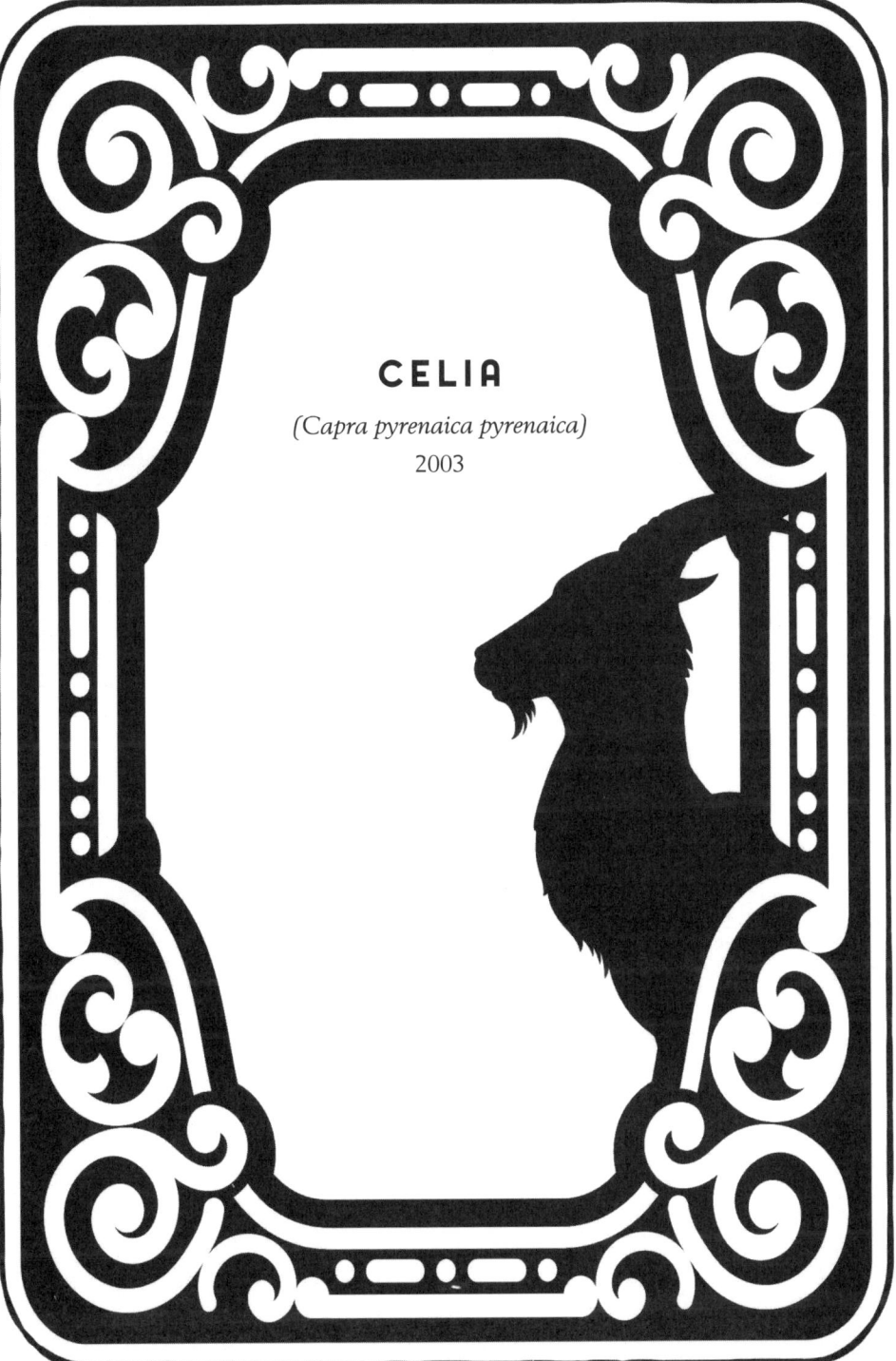

CELIA

(Capra pyrenaica pyrenaica)
2003

Es besteht Bedarf nach einem Wort in der Taxonomie sowie in der medizinischen, genealogischen, biologischen und sonstigen Literatur, das es bislang weder im Englischen noch in einer anderen Sprache gibt. Wir brauchen ein Wort, um die letzte Person, das letzte Tier oder das letzte Exemplar einer Erblinie zu bezeichnen.

Leserbrief an *Nature*, April 1996

Die letzten Wollmammuts starben auf einer Insel, die heute Wrangel heißt und die vor zwölftausend Jahren vom Festland abbrach. Mindestens acht Jahrtausende lang hatten sie die Insel bewohnt und sich durch Inzucht nach und nach ausgerottet. Selbst als sich die menschliche Zivilisation entwickelte, bestanden die Mammuts fort, isoliert, aber verhältnismäßig sicher. Während der König von Akkad Mesopotamien eroberte und Troja erstmals besiedelt wurde, lebte das letzte Mammut noch auf dieser Erde und wanderte allein über eine arktische Insel.

Die letzte Auerkuh starb 1627 im Wald von Jaktorów an Altersschwäche. Als das letzte Männchen im Jahr zuvor eingegangen war, wurde sein Horn ausgehöhlt, in Gold gefasst und fortan vom polnischen König als Jagdhorn genutzt.

Das letzte Riesenalk-Paar hatte sich auf einem großen Felsen im nördlichen Atlantik versteckt. 1844 entdeckten drei isländische Kopfgeldjäger die beiden in einer Klippe, wo sie ein Ei ausbrüteten. Zwei der Jäger erwürgten die erwachsenen Vögel, um an das Ei zu gelangen, und der dritte zertrat aus Versehen die Schale.

Martha, die letzte bekannte Wandertaube, war zum Zeitpunkt ihres Todes fast dreißig Jahre alt. Einige Jahre zuvor hatte sie einen Hirnschlag erlitten, und Besucher ihres Käfigs im Zoo von Cincinnati beschwerten sich, die Taube bewege sich gar nicht. Älteren Besuchern muss es seltsam vorgekommen sein, sie dort wie etwas Exotisches ausgestellt zu sehen, hatte es doch gerade einmal fünfzig Jahre zuvor so viele Wandertauben gegeben, dass sich die Sonne von Ohio verdunkelte, wenn sie vorüberzogen.

Incas, der letzte Karolinasittich, starb im selben Käfig in Cincinnati wie Martha, vier Jahre nach ihr. Da seine langjährige Partnerin, Lady Jane, ein Jahr zuvor gestorben war, hieß es, die Art sei an Incas' gebrochenem Herzen zugrunde gegangen.

Booming Ben, das letzte Heidehuhn, starb auf Martha's Vineyard, und es hieß, er habe seine letzten Tage damit verbracht, nach einer Henne zu rufen, die niemals kommen sollte. Die *Vineyard Gazette* widmete seinem Andenken eine ganze Ausgabe: »Es gibt keine Überlebenden, keine Zukunft, kein Dasein, das in dieser Form nachgemacht werden könnte. Wir stehen vor der äußersten Endgültigkeit, von der geschrieben werden kann, und blicken hinab in eine Finsternis, zu der kein Lichtstrahl mehr durchdringen wird.«

Benjamin, der letzte Tasmanische Wolf, verendete 1936 während eines Kälteeinbruchs. Seine Pfleger im Zoo von Beaumaris hatten vergessen, ihn über Nacht wieder ins Tierhaus hineinzulassen, und das gestreifte Beuteltier erfror.

Der Magenbrüterfrosch – der Eier in seinem Bauch ausbrütet und seine Nachkommen ins Leben würgt – wurde innerhalb der zwölf Jahre, die Roger Moore James Bond spielte, entdeckt und für ausgestorben erklärt.

Turgi, die letzte Polynesische Baumschnecke, starb 1996 im Londoner Zoo. Der *Los Angeles Times* zufolge »bewegte sie sich im Tempo von unter sechzig Zentimetern pro Jahr, weshalb es eine Weile dauerte, bevor die Kuratoren sich sicher sein konnten, dass sie für immer aufgehört hatte sich zu bewegen«.

Im selben Jahr schrieben zwei Verwalter einer Reha-Klinik in Georgia an das Magazin *Nature* und forderten einen Namen für einen Organismus, der den letzten seiner Art darstellt. Unter ihren Vorschlägen waren Wörter wie »terminarch«, »ender«, »relict«, »yatim« und »lastoline«, doch das neue Wort, das hängenbleiben sollte, war »endling«, das heute so auch im Deutschen geläufig ist. Unter all den Vorschlägen ist es der verniedlichendste (wie »duckling«, Entlein, oder »gosling«, Gänschen) und vielleicht der geschichtsträchtigste (wie »End Times«, Endzeit). Das kleine Wort klingt wie eine Babyrassel, was das Ganze nur umso trauriger macht.

Während die Leser von *Nature* über den passenden Begriff diskutierten, zählte ein spanisches Forscherteam Bucardos. Die riesigen Steinböcke waren einst in den Pyrenäen weit verbreitet gewesen. Der elfte Graf von Foix schrieb, seine Bauern trügen häufiger Bucardo-Felle als gewebte Stoffe; in einem Winter sah der Graf fünfhundert Bucardos die gefrorenen Aufschlüsse in der Nähe seines Schlosses hinabbrennen. Im Laufe der Jahrhunderte wurde der Bucardo immer scheuer – und damit wertvoller für Trophäenjäger – und verschwand irgendwann ganz in den tückischen Hängen, für die er so gut ausgestattet war.

Obwohl ein Naturforscher sie um die Wende zum 20. Jahrhundert für jagdbedingt ausgerottet erklärte, wurden ein paar wenige Exemplare 1980 tief im Ordesa-Tal gesichtet. Wissenschaftler legten Käfigfallen, mit denen sie Hunderte kleinere, nicht gefährdete Gämsen fingen. Es war eine frustrierende Arbeit, und die Bucardos wurden immer weniger, je länger die Menschen nach ihnen suchten. 1989 fingen sie nur noch ein Männchen und drei Weibchen. 1991 starb das Männchen, und acht Jahre später lief der Endling dieses Taxon, Celia, den Forschern geradewegs in die Falle.

Celia war zwölf, als ein Pfeil aus einem Blasrohr sie traf und man ihr die Augen mit weißen Lappen verhüllte, um sie zu beruhigen. Sie hängten ihr ein Halsband mit einem Peilsender und einem Pulsmesser um und entnahmen an zwei Stellen Gewebeproben: am linken Ohr und an der Flanke. Dann wurde Celia wieder in die Freiheit entlassen, wo sie den Rest ihres Lebens verbringen sollte. Über die folgenden zehn Monate wissen wir nichts; die Wissenschaft kann über das Leben der letzten Bucardo-Ziege dieser Erde keine Auskunft geben. Doch die *Capra pyrenaica* vor ihr war – vermutlich seit dem späten Pleistozän – in nach Geschlecht getrennten Herden durch die Jahreszeiten gestreift. In den weiblichen Gruppen wäre eine Bucarda in Celias Alter ein Leittier gewesen. Grasten sie an ungeschützten Stellen, trieb sie ihre Schwestern beim ersten Anzeichen von Gefahr die steinigen Berge hinauf, immer höher, bis die Herde auf Felsen stand, die praktisch senkrecht aufragten. In jenem Winter aber kletterte Celia, um allein sich selbst zu schützen – wie bereits mindestens die drei Winter zuvor, wenn nicht gar die meisten Winter ihres felsigen Lebens.

Wir sollten nicht annehmen, ein Endling sei sich seines Einzeldaseins bewusst. Darüber nachzudenken, ob sie sich schuldig fühlte oder vielleicht glaubte, das Universum schulde ihr noch etwas – das ist nicht nur dumm, es ist riskant. Genau wie die Vorstellung von einer einsamen Bucarda auf einer Felsnadel, die Selbstmordgedanken unterdrückt. Genau wie die Annahme, ihre Gedanken hätten sich einer Bergziegen-Variante von Gebet zugewandt, wie immer die auch aussehen soll. Oder wie die Hoffnung, sie möge in ihrem Leben jene Unerschrockenheit gespürt haben, die uns, die wir uns um unsere Mitmenschen sorgen müssen, verwehrt ist.

Man darf wohl davon ausgehen, dass Celia das ihr geschenkte Leben ohne jeden Sinn von Finalität lebte. Im Sommer kletterte sie hoch auf den Monte Perdido, um allein zu grasen, und bevor es im Winter zu kalt wurde, schleppte sie sich allein wieder ins Tal. Sie fraß und putzte sich und schlief, ging im Wald umher und ertrug ihre sinnlose Brunst, genau wie von der Natur vorgesehen – das war alles.

Andererseits bleibt eine für immer von ihrer Kolonie getrennte Arbeiterameise nicht mehr stehen und weigert sich, Nahrung zu sich zu nehmen, und ein Star geht im Käfig ein, wenn er keine Gesellschaft hat. Eine sterbende Kreuzspinne baut ein Nest für Nachkommen, die sie niemals zu sehen bekommen wird, und eine Erbsenlaus explodiert im Gesicht eines Angreifers, um ihre Verwandten zu retten. Ein englischsprachiger

Graupapagei befasste sich einmal so eingehend mit dem eigenen Leben, dass er fragte, welche Farbe er habe, und ein Gorilla benutzte seine Hände, um Menschen zu erzählen, wie er ein Waise wurde. Ganz zu schweigen von den zahllosen Quallen, die im warmen Meerwasser treiben und sich vom Himmel leiten lassen.

Es ist zwar problematisch, doch können wir diese Dinge durchaus als Repräsentationen dessen betrachten, was unser Königreich vereint: Wir alle sind darauf programmiert, für die Zukunft zu leben. Fortpflanzung, Tanz, Nestbau, die Nachtwache – all das ist ein Dienst an dem, was später kommt. Auf Zellebene scheinen wir nicht für eine Zukunft zu arbeiten, die *genau uns* betrifft, sondern eher für eine, die mit etwas zu tun hat, was uns ähnelt. Wir alle laufen durch den Wald, und unsere Körper eilen auf Atomebene der Idee entgegen, dass irgendetwas *als Nächstes* kommt. Doch gibt es in der DNA eines Lebewesens eine Stelle, an der die Möglichkeit bedacht werden könnte, dass es kein *Nächstes* gibt? Dass es eines Tages – jenseits von uns selbst – nichts geben wird, das wir sind, obwohl sich die Welt in diesem Augenblick noch um uns dreht?

Am sechsten Tag des neuen Jahrtausends übertrug Celias Senderhalsband das Todessignal. Ein natürlicher Tod – ein fallender Ast hatte ihr den Hals gebrochen, ein Horn war wie ein Zweig abgeknickt. Auf einem Foto, das die Menschen machten, die sie holten, scheint sie zu schlafen, auf der Lende zusammengerollt. Sie schickten Celia an einen örtlichen Präparator und wandten sich dann den Zellproben zu, die sie entnommen hatten. Nachdem sie ein Jahr lang bei −196 Grad in Flüssigstickstoff eingefroren waren, wurden die Zellen für die Teilung vorbereitet. Die *Los Angeles Times* brachte einen langen Artikel über die nächsten Schritte und zitierte einen Umweltschützer, der warnte: »In der Wissenschaft fehlt uns die notwendige Demut.«

Im Labor paarten die Techniker eine von Celias Hautzellen mit der Eizelle einer Hausziege. Der Nukleus der Eizelle wurde entfernt und stattdessen Celias Nukleus eingesetzt. Beinahe die gesamte DNA jeder beliebigen Zelle sitzt in ihrem Nukleus, dieser Transfer war daher so ähnlich, als hätte man ein perfektes kleines Celia-Porträt mit einer Hausziege gerahmt.

Wird das Ei eines Säugetiers entkernt, passiert normalerweise nichts. Doch manchmal programmiert sich die umgebaute Zelle neu. Dank einer Magie, die Menschen nicht vollständig verstehen, beschließt der Nukleus, ab sofort ein Eizellen-Nukleus zu sein, und vermehrt sich nicht als Haut-, sondern als pluripotente Zelle, die sich in Hautzellen, Blutzellen, Knochenzellen, Muskelzellen, Nervenzellen, Lungenzellen teilen kann.

Schon während der Entwicklung dieser DNA-Technologie hatte das Celia-Team einen seltsamen Harem hybrider Leihmütter herangezogen – Hausziegen, die mit den letzten weiblichen Bucardos gekreuzt wurden. Sie hatten hybride Gebärmütter, die, so beteten die Wissenschaftler, die veränderten und sich teilenden Eier annehmen würden. 2003 setzten sie 44 Hybriden 154 geklonte Embryos ein – Celia in einer Ziegen-Eierhülle. Sieben der Hybriden wurden erfolgreich geschwängert und von diesen sieben trug nur ein Tier eine Zygote vollständig aus. Das Kitz wurde am 30. Juli 2003 geboren, es hatte drei Mütter: die Hybrid-Gebärmutter, das Ziegen-Ei und den magischen Bucardo-Nukleus. Genetisch gesehen war das Geschöpf jedoch voll und ganz *Capra pyrenaica*. Und damit war Celias Taxon, eintausenddreihundert Tage nachdem ein Ast auf Celia gefallen war, nicht länger ausgestorben – ungefähr sieben Minuten lang.

Auf eine merkwürdige Weise ähneln die Fotos von der Nekropsie des Bucardo-Kitzes denen von Yuka, jenem jungen Mammut, das im Permafrost gefunden wurde und dem die Wolle noch am Körper hing. Nass und seltsam niedlich liegt das Neugeborene auf der Seite und sieht irgendwie zeitlos aus. Seine Beine scheinen kräftig und beweglich zu sein, als könnte es jeden Moment aufspringen und herumlaufen. Bis auf seine winzigen Lungen scheinen alle Organe intakt gewesen zu sein.

In der Hybrid-Gebärmutter schufen die Lungenzellen des Klons fälschlicherweise einen furchtbaren zusätzlichen Flügel, der sich in ihre brandneue Kehle ausbreitete. Das Kitz wurde geboren und konnte nicht atmen und erwürgte sich bald selbst. Die Lungen sind offenbar die Teile eines Säugetiers, die am schwersten zu klonen sind; auch das Schaf Dolly starb daran. Wie passend, dass der Teil der Natur, der sich im Labor am schwierigsten nachbauen lässt, der Lebensatem ist.

Den Begriff, den wir heute für die Aufhebung des Endling-Status verwenden, gibt es schon seit Jahrzehnten, aber er wurde nur selten gebraucht. »De-extinction« – wörtlich Ent-Ausrottung, im Deutschen auch »Wiederbelebung« – tauchte erstmals 1979 in einem Fantasy-Roman auf, in dem ein Magier der Zukunft Hauskatzen aus der Versenkung hervorzaubert. Doch als das Celia-Team seine Ergebnisse in der Zeitschrift *Theriogenology* veröffentlichte, benutzten sie den Begriff nicht. Ein paar wissenschaftliche Aufsätze auf dem Gebiet der Kosmologie und der Paläobiologie bezogen sich darauf, doch noch zehn Jahre postbucardo fand er sich mehr oder weniger ausschließlich in der Science-Fiction-Literatur. Ein renommierter Wissenschaftler rügte den Begriff als zu klobig und fand, er sei »schwer zu schreiben und noch schwerer auszusprechen«. Irgendwann jedoch verfing das Schlagwort.

Sein breitenwirksames Debüt gab »De-extinction« 2013 in einem Artikel in *National Geographic*. Um das Coming-out des Begriffs zu feiern – und all die möglichen Bezeichnungen für tierisches Leben, die sich den Menschen damit eröffneten –, richtete das Magazin in seiner Zentrale eine Konferenz mit Vorträgen aus, die in vier Kategorien unterteilt waren: Wer, Wie, Warum/Warum nicht und Wieder wild. Einer der Wie-Redner war der Direktor des Ordesa-Nationalparks, der von Celia erzählte. Der viersilbige Terminus verhedderte sich im kastilischen Akzent des Mannes, was das Publikum nicht davon abhielt zu applaudieren, als er Celias Kitz »die erste Es-tinc-de-tion« nannte. Der ganz offensichtlich nervöse Direktor verbeugte sich. Hinter ihm war die Projektion des soeben von seiner Hybridmutter geborenen Klon-Babys zu sehen, das würgend in den latexgeschützten Händen des Direktors lag. Die Zunge hing dem Klon seitlich zum Maul heraus.

Am Morgen hatte ein australischer Paläontologe seine lebenslange Obsession mit Beutelwölfen gestanden, obwohl er sieben Jahre nach dem Verschwinden des Tasmanischen Tigers geboren wurde. »Wir haben diese Viecher getötet«, sagte er dem Publikum. »Wir haben jedes einzelne erschossen, das uns vor die Flinte lief. Wir haben sie abgeschlachtet. Ich finde, wir haben eine moralische Verpflichtung zu überlegen, wie es weitergehen soll.« Dann erläuterte er, wie er in den Zähnen von Museumsexemplaren DNA-Fragmente entdeckt hatte. Er gelobte, zunächst die Technologie zu entwickeln, mit der sich der genetische Code aus den Zahnstückchen herauslösen ließe, dann die Fragmente nachzubauen, um einen intakten Nukleus zu erhalten, und schließlich eine lebensfähige Leih-Gebärmutter zu finden, in der sich das Ei eines Tasmanischen Tigers würde einnisten können – in einem Tasmanischen Teufel vielleicht.

Gerade hatte die Forschungsgruppe des Mannes, die sich Lazarus-Projekt nennt, verkündet, sie habe erfolgreich die Zellen des Magenbrüterfroschs geklont. Die Tatsache, dass sich die Zellen nur ein paar Tage lang geteilt hatten und dann gestorben waren, konnte seinen Enthusiasmus nicht schmälern. »Behaltet uns im Auge«, sagte er. »Ich glaube, dieser Frosch wird irgendwann wieder quicklebendig durch die Welt hüpfen.«

Später umriss ein junger Forscher aus Santa Cruz auf der Konferenz einen Plan, der es Menschen erlauben werde, »mitzuerleben, wie sich die Wandertaube wiederentdeckt«. Doch selbst nach der Wiederbelebung, sagte er, würden die Vögel Flugstunden brauchen. Was also spreche dagegen, Brieftauben beizubringen, Wanderrouten zu fliegen? Um die kleinen Wandertauben glauben zu machen, sie würden ihrer eigenen Art folgen, schlug der junge Wissenschaftler vor, die Brieftauben blau und purpurrot einzufärben.

Am Nachmittag erwähnte der Vorsitzende der Megafauna-Stiftung, wie Europa mit Hilfe von mittelalterlichen Sagen sowie den dreißigtausend

Jahre alten Gemälden in der Chauvet-Höhle auf die Herden von Auerochsen vorzubereiten sei, die er hoffte, wiederaufstehen zu lassen. Der Vorsitzende des Lenkungsausschusses der Konferenz klang beinahe wehmütig, als er am Ende seiner Rede zusammenfasste:»Einige Arten, die wir ausgelöscht haben, könnten wir vielleicht zurückbringen in eine Welt, die sie vermisst.« Und ein Genetiker aus Harvard wies darauf hin, das sich an Mäuse-DNA so herumwerkeln lasse, dass die Schneidezähne nicht mehr aus dem Kiefer wachsen, sondern wie Stoßzähne nach vorn aus dem Kopf. Dieses DNA-Patchwork, sagte er, könnte helfen, eine Lücke in unserem Punkt-für-Punkt-Nachbau des Mammut-Genoms zu schließen.

Kurz nach diesem Vortrag wandte sich einer der wenigen Nein-Sager, ein Naturschutzbiologe der Rutgers University; an das Plenum:»Während wir hier sitzen, riskieren mutige Tierschützer ihr Leben, um die immer weniger werdenden Afrikanischen Elefanten vor schwerbewaffneten Wilderern zu schützen, und wir sitzen hier in diesem sicheren Auditorium und reden darüber, das Wollmammut zurückzubringen. Denken Sie darüber einmal nach.«

Doch worüber genau sollen wir nachdenken? Wie kann *Denken* in einem solchen Moment wirklich helfen? Wir stecken knietief im großen Holozän-Sterben und schlagen uns durch Neologismen, die uns daran erinnern, was noch bleibt. Diese Vorträge – über extravagante Pflanzen, über herkulische Hirngespinste und über *Verlust* – sind mehr als Gedanken; sie räumen ein, dass es auf unserem eigenen Genom einen Fleck gibt. Vielleicht haben wir diese Tatsache schon immer, mit submikroskopischen Skrupeln, für unser *Nächstes* gehalten. Als wir das erste Mal mit einem geschmiedeten Werkzeug den Rücken eines Tieres aufschlitzten, bildete sich der Kern dieser einen Zelle; dann teilte sie sich, und heute ist jeder Wissenschaftler – auf der Bühne oder im Traum – ein einsamer Aufschrei dieses atomisch kleinen, gedankenlosen Schicksals.

Tiere umbringen und sie dann vermissen. Ihre Kraft vergessen und mit unseren armseligen Muskeln aus den Schnitzen etwas Unwirkliches wiedererschaffen wollen. Just in diesem Moment singt jeder Vortrag die Arie vom menschlichen Wissen, doch handelt es sich um ein Wissen, das sich irgendwo weit abseits des Denkens auf der eigenen Lende ausruht.

Und just in dem Moment versteckte sich der letzte Rabbs Fransenzehen-Laubfrosch in einem Hochsicherheitslabor in Atlanta vor seinen Wärtern. Sieben Jahre lang hatte der Endling mit dem Spitznamen Toughie keinen einzigen Ton von sich gegeben.

Und just in dem Moment standen Nola und Angalifu, zwei der sechs noch verbliebenen Breitmaulnashörner im Safaripark des Zoos von San Diego herum und hatten weniger als vierundzwanzig Monate zu leben. Ihre Wärter hatten Angalifu bereits Spermien entnommen und planten, dasselbe mit Nolas Eiern zu machen, um die Proben in einem Labor aufzubewahren, das bereits Zellen von Zehntausenden Arten katalogisiert hatte. Diese neue Art von Arche, Menagerie oder Bestiarium ist ein neuer Trend, für den es auch schon eine Bezeichnung gibt: der »eingefrorene Zoo«.

Die anderen Breitmaulnashörner dieser Erde, denen man zum eigenen Schutz die Hörner abgesäbelt hatte, zogen unter ständiger bewaffneter Bewachung durch den Ol Petaja Naturschutzpark. Und fern von Monte Perdido surrten Celias berühmte Zellen in ihrem kryogenen Zustand und warteten immer noch auf das, was als Nächstes kommen möge.

Und just in dem Moment schuf ein fortschrittlicher Russe weit oben im Nordosten Sibiriens Platz, um die Welt zu retten. Schmilzt der Permafrost, sagte er, entlasse er mit der Zeit katastrophale Mengen an im Boden gebundenem Kohlenstoff in die Atmosphäre. Um diese schädlichen Gase in der steinharten Erde zu halten, planten der Russe und sein Team, die Tundra in eine Mammutsteppe zurückzuverwandeln: das Grasland wiederherzustellen und uralte Megafauna anzusiedeln, die über die Erde laufen und das Gras pflegen würde. Die wieder eingeführten Tiere, versprach er, würden die Zeit in der Tundra zurückdrehen.

Er schlug vor, pro Quadratkilometer »fünf Bisons, acht Pferde und fünfzehn Rentiere« anzusiedeln, die er bereits in seinen »Pleistozän-Park« gebracht habe, einem Gelände, auf dem frühere Versionen all dieser Tiere vor Zehntausenden von Jahren gelebt hatten. Irgendwann, sobald die Wissenschaft so weit sei, werde er dann einen Elefanten-Mammut-Hybrid pro Quadratkilometer hinzufügen.

Hier also ist es, ein Bild davon, was als Nächstes kommt: Irgendein riesiger Truck folgt dem Fluss Kolyma, rollt über das offene Land, auf dem Mammuts früher kilometerweit gelaufen sind. So wie wir und immer mehr von uns stellt sich der Russe den Moment vor, in dem sich die Ladeklappe des Trucks öffnet und ein Lebewesen – nicht ganz Yuka, aber mit Sicherheit kein Elefant – hinaus ins Gras trottet. Seine ersten Schritte würde es keine achthundert Kilometer Luftlinie entfernt – immer weiter Richtung Arktis – von jener Insel machen, auf der das letzte lebende Mammut vor 3600 Jahren zu Boden fiel.

Das Verfahren des Russen – neue Tiere auf Knochen umherlaufen lassen, die nur fast ihre Vorfahren sind – hat einen unverbrauchten Namen, da in dieser Welt alles neu ist. Der Klang dieses Neologismus, wenn er von einer menschlichen Stimme in ein sicheres Auditorium geworfen wird, trägt in sich die Hoffnung eines Neuanfangs und den Stachel einer natürlichen Gefahr.

Das neue Wort lautet *Rewilding*.

CECIL

(Panthera leo bleyenberghi)

2015

Associated Press: Sie haben Bedauern darüber geäußert, wie die Dinge sich entwickelt haben. Bedauern Sie, dass Sie den Löwen getötet haben oder dass Sie dem ganzen Wirbel nicht entkommen sind?

Dr. Walter Palmer: Dazu habe ich eingangs eine Erklärung abgegeben, an die ich mich auch halten möchte, okay? Selbstverständlich hätte ich, wenn mir klar gewesen wäre, dass dieser Löwe einen Namen hat und so wichtig für das Land oder eine Studie ist – selbstverständlich hätte ich ihn dann nicht getötet.

Minneapolis Star Tribune: Ich will's mal so versuchen – wissen Sie, ob …

Dr. Walter Palmer: Keiner von uns kannte, weder vorher noch nachher, den Namen dieses Löwen.

ANHANG

BIBLIOGRAPHIE

GEMEINSAME QUELLEN

Barber, Richard, *Bestiary*. Rochester, NY: Boydell & Brewer, 1992.

Berger, John, *Das Leben der Bilder oder die Kunst des Sehens*. Berlin: SAL-TO (Wagenbach), 1989.

Chaline, Eric, *50 Tiere, die unsere Welt veränderten*. Bern: Haupt Verlag, 2014.

Cummins, John, *The Hound and the Hawk: The Art of Medieval Hunting*. New York: St.Martin's, 1988.

Gudeman, Alfred, Adolf Lasson, J.H. von Kirchmann, C.H.Weiße (Hrsg. und Übers.), *Aristoteles – Gesammelte Werke (Vollständige Deutsche Ausgabe)*. E-artnow, 2016. EBook.

Kalof, Linda, *Looking at Animals in Human History*. London: Reaktion Books, 2007.

C.Plinius Secundus d. Ä. *Naturkunde Lateinisch-deutsch*. Hrsg. und über-setzt von Roderich König in Zusammenarbeit mit Joachim Hopp, Gerhard Winkler und Wolfgang Glöckler, 37 Bücher (und Register) in 32 Bänden. München: Artemis & Winkler (ab Band XXVI/XXVII auch Zürich und Heimeran) (auch Wissenschaftliche Buchgesell-schaft, Darmstadt, und Patmos, Düsseldorf), 1973–2004.

Schönberger, Otto (Hrsg. und Übers.), *Physiologus: Griechisch/Deutsch*. Stuttgart: Reclam, 2001.

YUKA

Barcroft TV,»Lion Attacks Elephant: Brutal Kill Caught on Camera.«
YouTube video, 01:22. Posted January 20, 2014. https://www.youtube.
com/watch?v=vp9EC4tS-Q0.

Blaszczak-Boxe, Agata,»Woolly Mammoth Mummy Yields Well-Pre-
served Brain.« *Live Science*, November 7, 2014. http://www.livesci
ence.com/48625-mummy-woolly-mammoth-brain-revealed.html.

Die Höhle der vergessenen Träume, von Werner Herzog. Zürich: Ascot
Elite Home Entertainment (Vertrieb Universum Film), 2010. DVD.

Cohen, Tamara,»The Amazing Ginger Mammoth.« *Daily Mail*, April 4,
2012. http://www.dailymail.co.uk/sciencetech/article-2124991/Sibe
rian-mammoth-Yuka-Ice-Age-creatur-perfectly-preserved-10–000-
years.html.

Guthrie, R. Dale, *Frozen Fauna of the Mammoth Steppe*. Chicago: University of Chicago Press, 1990.

Guthrie, R. Dale, *The Nature of Paleolithic Art*. Chicago: University of
Chicago Press, 2005.

Human Planet,»Stealing Meat From Lions.« Discovery Channel Online
video, 02:25. http://www.discovery.com/tv-shows/human-planet/vi
deos/stealing-meat-from-lions/.

Larmer, Brook,»Of Mammoths and Men.« *National Geographic*, April
2003. Accessed June 22, 2016. http://ngm.nationalgeographic.com/
2013/04/125-mammoth-tusks/larmer-text/.

Rudaya, Natalia, Svetlana Trofimova u. a.,»Landscapes of the ›Yuka‹
Mammoth Habitat: A Palaeobotanical Approach.« *Review of Palaeobo-
tany and Palynology* 14 (March 2015): 1–8.

»Meet Yuka, Siberia's Latest Star With Strawberry Blonde Hair, Disco-
vered in the Ice By Tusk Hunters.« *Siberian Times*, April 7, 2012.
Accessed June 22, 2016. http://siberiantimes.com/science/casestudy/
news/meet-yuka-siberias-latest-star-with-strawberry-blonde-hair-
discovered-in-the-ice-by-tusk-hunters/.

Thurman, Judith, »First Impressions.« *New Yorker*, June 23, 2008.

Trinkaus, Erik, and Jiří Svoboda, *Early Modern Human Evolution in Central Europe: the People of Dolní Věstonice and Pavlov*. Oxford: Oxford University Press, 2006.

Walker, Tim, »Woolly Mammoth: Secrets from the Ice.« *BBC Nature*, April 5, 2012. http://www.bbc.co.uk/nature/17525074.

DER WOLF VON GUBBIO

Badke, David, »Wolf.« *The Medieval Bestiary: Animals in the Middle Ages*. January 15, 2011. http://bestiary.ca/beasts/beast180.htm.

»St. Francis of Assisi.« *Catholic Encyclopedia Online*. http://www.catholic.org/encyclopedia/view.php?id=4829.

Trevisa, John, *On the Properties of Things: John Trevisa's Translation of Bartholomaeus Anglicus De Proprietatibus Rerum*. Oxford: Clarendon Press, 1988.

House, Adrian and Karen Armstrong, *Francis of Assisi: A Revolutionary Life*. Mahwah, NJ: Paulist Press, 2003.

Lopez, Barry, *Of Wolves and Men*. New York: Scribner, 2004.

Murray, Wendy. *A Mended and Broken Heart: the Life and Love of Francis of Assisi*. New York: Basic Books, 2008.

Schneider, Johannes (Hrsg.), *Die Fioretti: Legenden über Franziskus und seine Gefährten*. Kevelaer: Edition Coelde (Butzon & Bercker), 2002.

GANDA

Bartrum, Giulia, *Albrecht Dürer and His Legacy*. Princeton: Princeton University Press, 2003.

Bremer-David, Charissa, »Es wird allen Thierliebhabern kund gethan.« In *Oudrys Gemalte Menagerie: Portraits exotischer Tiere im Europa des 18. Jahrhunderts*, hrsg. von Kornelia von Berswordt-Wallrabe, 91–104. München, Berlin: Deutscher Kunstverlag, 2008.

»Number 75: Dürer's ›Rhinoceros‹.« *A History of the World in 100 Ob-

jects. BBC Online, 2010. http://www.bbc.co.uk/ahistoryoftheworld/about/transcripts/episode75/.

Bubenik, Andrea, *Reframing Albrecht Dürer: The Appropriation of Art 1528–1700.* Surrey, UK: Ashgate, 2013.

Clarke, T.H., *The Rhinoceros from Dürer to Stubbs, 1515–1799.* London: Philip Wilson Publishers, 1988.

British Pathé, »Dalí Paints Rhino 1955.« YouTube video, 00:39. Posted April 13, 2014. https://www.youtube.com/watch?v=lyPtU8WZD3M.

Dalí, Salvador, *Dalí on Modern Art: The Cuckolds of Antiquated Modern Art.* Translated by Haakon M.Chevalier. Mineola, NY: Dover, 1996.

Dalí, Salvador, *Dalí sagt …: Tagebuch eines Genies.* München: Desch, 1968.

Eisler, Colin, *Dürers Arche Noah. Tiere und Fabelwesen im Werk von Albrecht Dürer.* München: Droemer Knaur, 1996.

Enright, Kelly, *Rhinoceros.* London: Reaktion Books, 2008.

Gibson, Ian, *Salvador Dalí: Die Biographie.* München: Deutsche Verlags-Anstalt, 1998.

Guignard, Elise (Hrsg. und Übers.). *Die Wunder der Welt – Il Milione.* Frankfurt am Main, Leipzig: Insel Taschenbuch, 2009.

Masterpieces of the British Museum: Dürer's Rhinoceros. London: Quantum Leap Video, 2007. DVD.

Prinz, Jesse, »Dürer's *Rhinoceros*: Art, Exotica, and Empire.« *Artboullion,* January 3, 2015. http://www.artbouillon.com/2015/01/durers-rhinoceros-art-exotica-and-empire.html.

Quammen, David, *Die zwei Hörner des Rhinozeros: Kuriose und andere Geschichten vom Verhältnis des Menschen zur Natur.* Berlin: List Taschenbuch, 2003.

Ridley, Glynis, *Claras Grand Tour: Die spektakuläre Reise mit einem Rhinozeros durch das Europa des 18. Jahrhunderts.* Hamburg: Konkret Literatur Verlag, 2004.

Russell, Francis, *Dürer und seine Zeit. 1471–1528.* Amsterdam: Time-Life International, 1975.

Salley, Victoria, *Albrecht Dürer. Kunststück Natur. Tier und Pflanzen-studien*. Berlin, München, London, New York: Prestel Verlag, 2003.

Spinks, Jennifer, *Monstrous Births and Visual Culture in Sixteenth-Century Germany*. New York: Routledge, 2009.

Strauss, Walter, ed., *The Complete Engravings, Etchings, and Dry Points of Albrecht Dürer*. New York: Dover 1972.

SACKERSON

Adams, Joseph Quincy, *A History of English Theaters from the Beginning to the Restoration*. New York: Houghton Mifflin, 1917.

»Anecdotes of Bear Baiting.« *The Gentleman's Magazine* 103 (June 1833): 486.

Baldwin, Elizabeth, »But Where Do They Get the Bears?: Animal Entertainments in Sixteenth- and Seventeenth-Century Cheshire.« Paper presented at the SITM Colloquim, Groningen, Netherlands, July 2–7, 2001.

Chambers, Robert, »Bear Baiting.« *The Book of Days, Volume 2*. Philadelphia: Lipincott, 1899.

Fudge, Erica, *Perceiving Animals: Humans and Beasts in Early Modern Culture*. Chicago: University of Illinois Press, 2002.

Höfele, Andreas, »Sackerson the Bear.« *REAL: Yearbook of Research in English and American Literature*. Edited by Herbert Grabes, 161–175. Göttingen, Germany: Hubert & Company, 2001.

Mabillard, Amanda, »Entertainment in Elizabethan England.« *Shakespeare Online*, August 20, 2000. Accessed June 21, 2016. http://www.shakespeare-online.com/faq/entertainment.html.

Morris, Sylvia, »Exit, Pursued By a Bear? Bear-baiting in Shakespeare's London.« *The Shakespeare Blog*. January 13, 2013. http://theshakespeareblog.com/2013/01/bears/.

Nott, J. Fortune, »Bears.« *Wild Animals, Photographed and Described*. London: Crown, 1886.

Walford, Edward, ed., »London Theatres.« *The Antiquary* 12 (July 1885): 44–48.

Wheatley, H.B., *London Past and Present*. London: Scribner, 1891.

VOGEL STAHRL

Ashoori, Aidin and Joeseph Jankovic, »Mozart's Movements and Behaviour: A Case of Tourette's Syndrome?« *Journal of Neurology and Neurosurgery* 78, no. 11 (November 2007): 1171–1175.

Chaiken, Marthalea, Jorg Bohener, and Peter Marler, »Song Acquisition in European Starlings, *Sturnus vulgaris*.« *Animal Behaviour* 46, no. 6 (December 1993): 1079–1090.

Deutsch, Otto Erich, *Mozart: Dokumente seines Lebens*. München: DTV, 1963.

Feare, Christopher, *The Starling*. Oxford: Oxford University Press, 1984.

Gutman, Robert W., *Mozart: A Cultural Biography*. New York: Harcourt Brace, 1999.

Harer, Ingeborg, »Musical Venues in Vienna, Seventeenth Century to Present.« *Performance Practice Review* 8 (Spring 1995): 83–92.

Karhausen, Lucien, *The Bleeding of Mozart: A Medical Glance into His Life, Illness, and Personality*. Bloomington, IN: Xlibris, 2011.

Keim, Brandon, »Starling Flocks Behave Like Flying Magnets.« *Wired*, March 13, 2012. www.wired.com/2011/11/starling-flock/.

Keim, Brandon, »The Startling Science of a Starling Murmuration.« *Wired*, November 11, 2011. www.wired.com/2012/03/starlingflock-dynamics/.

Robbins Landon, H.C., ed., *Das Mozart-Kompendium: sein Leben – seine Musik*. München: Droemer Knaur, 1991.

Marler, Peter and Hans Slabbekoorn, *Nature's Music: The Science of Birdsong*. Oxford, UK: Elsevier, 2004.

Rothenberg, David, »Why You Can't Teach a Starling to Sing.« National Wildlife Federation online, April 1, 2006. https://www.nwf.org/News-

and-Magazines / National-Wildlife / Birds / Archives / 2006 / Why-You-Cant-Teach-a-Starling-to-Sing.aspx.

Ross, Alex, »The Storm of Style.« *Listen to This*. New York: Farrar, Straus and Giroux, 2010.

Spaethling, Robert, *Mozart's Letters, Mozart's Life*. New York: Norton, 2000.

Stafford, William, *Mozart's Death: A Collective Survey of the Legends*. London: Macmillan, 1991.

Stap, Don, *Birdsong: A Natural History*. New York: Scribner, 2005.

ThePIPdesign, »Starling song over five minutes straight.« Youtube video, 05:55. Posted April 20, 2014. https://www.youtube.com/watch?v=Y2pjUlp2Cy0.

Tyson, Alan, *Mozart: Studies of the Autograph Scores*. Cambridge, MA: Harvard University Press, 1990.

Wakin, Daniel J., »After Mozart's Death, an Endless Coda.« *New York Times*, August 24, 2010.

West, Meredith J., and Andrew King, »Mozart's Starling.« *American Scientist* 78 (March–April 1990): 106–114.

Wright, Craig, *Listening to Music*. 7th Ed. Boston: Cengage 2013.

HARRIET

Australia Zoo, »Harriet: Our Famous and Much-Loved Giant Galápagos Tortoise.« https://www.australiazoo.com.au/our-animals/harriet/.

Benchley, Peter, »Galápagos: Paradies in Gefahr«. *National Geographic Deutschland*, Februar 2001.

»Brisbane Flood of 1893 Left Most of Metropolis in Ruins.« *Sydney Daily Mirror*, May 31, 1985.

Chambers, Robert, *A Sheltered Life: The Unexpected History of the Giant Tortoise*. Oxford: Oxford University Press, 2006.

Darwin, Charles, *Mein Leben: 1809–1882. Die vollständige Autobiographie*. Berlin: Insel Taschenbuch, 2008.

Darwin, Charles, *Die Fahrt der Beagle.* Frankfurt/M: Fischer Tb, 2008.

Darwin, Francis, ed., *Leben und Briefe von Charles Darwin.* Übers. von J.V. Carus, in 3 Bänden, Stuttgart: Schweizerbart 1887.

Fleay, David, *Living With Animals.* Melbourne: Lansdowne Press, 1960.

Stewart, Robin, *Darwin's Tortoise.* Melbourne: Black Publishing 2005.

Townsend, Charles Haskins, *The Galápagos Tortoises and Their Relation to the Whaling Industry: A Study of Old Logbooks.* New York: New York Zoological Society, 1925.

White, Gilbert, *Portrait of a Tortoise: Extracted from the Books and Letters of Gilbert White.* London: Chatto and Windus, 1946.

Williams, Brian, »Harriet's 92 Million Minutes of Fame.« *Brisbane Courier Mail,* October 10, 2005.

Young, Peter, *Tortoise.* London: Reaktion Books, 2003.

KRIEGSTAUBEN

American Battle Monuments Commission, *77th Division: Summary of Operations in the World War.* Washington: US Government Printing Office, 1944.

Blechman, Andrew, *Pigeons: The Fascinating Saga of the World's Most Revered and Reviled Bird.* New York: Grove, 2007.

»Coos and Kudos to Greet ›Anti-red‹ Pigeon Who Flew Message Through the Iron Curtain.« *New York Times,* August 1, 1954.

Cummings, Richard, *Cold War Radio: The Dangerous History of American Broadcasting in Europe.* London: McFarland, 2009.

Cummings, Richard, *Radio Free Europe's »Crusade for Freedom.«* London: McFarland, 2011.

Dash, Mike, »Closing the Pigeon Gap.« *Smithsonian* online, April 17, 2012. http://www.smithsonianmag.com/history/closing-the-pigeon-gap-68103438/.

Ferrell, Robert, *Five Days in October: The Lost Battalion of World War I.* Columbia, MO: University of Missouri Press, 2005.

Fisher, John, *Airlift 1870: The Balloon and Pigeon Post in the Siege of Paris.* London: M. Parrish, 1965.

Hayhurst, Jay, *The Pigeon Post into Paris 1870–1871.* Middlesex, UK: Ashford Press, 1970.

»Heroine Pigeon Now a ›Citizen‹.« *New York Times,* August 23, 1954.

Horne, Alistair, *Es zogen die Preussen wohl über den Rhein: Der deutschfranzösische Krieg 1870/71 und der Aufstand der Kommune in Paris.* Bergisch Gladbach: Lübbe, 1978.

»Iron Curtain Bird Here on Crusade.« *New York Times,* August 2, 1954.

Johnson, Thomas, and Fletcher Pratt, *The Lost Battalion.* New York: Bobbs-Merrill, 2000.

Lawrence, Ashley, »A Message Brought to Paris by Pigeon Post in 1870–71.« http://www.microscopy-uk.org.uk/mag/artoct10/al-pigeonpost.html.

National Archives, »Pigeon Message from Capt. Whittlesey to the Commanding Officer of the 308th Infantry.« https://catalog.archives.gov/id/595541.

Navrozov, Andrei, »Popping Balloons.« *Chronicles,* September 3, 2014. https://www.chroniclesmagazine.org/popping-balloons/.

Stevens, Lucy, »Siege of Paris: Pigeon Post and Balloon Mail.« Paris Pigeon Post. Last modified April 26, 2011. https://parispigeonpost.wordpress.com/2011/04/06/siege-of-paris-pigeon-post-and-balloon-mail/.

Syria Homs, »Syria – Homs – Bab Sbaa – 20120211 – People of Baba Amr homing pigeons to send messages.« Youtube video, 05:17. Posted May 2, 2012. https://www.youtube.com/watch?v=DNLtBgmnvv8.

»Syrians Send Messages via Carrier Pigeons in Homs.« *London Telegraph,* February 14, 2012.

Vanderbilt, Tom, »A Wing and a Prayer.« *Cabinet* 11 (June 2003).

Weiss, Robert, *Enemy North, South, East, West: a Recollection of the »Lost Battalion« at Mortain, France.* Portland, OR: Strawberry Hill Press, 1998.

JUMBO II.

Adams, Edward Dean, *Niagara Power: History of the Niagara Falls Power Company, 1886–1918.* New York: Bartlett, 1927.

Allwood, John, *The Great Exhibitions.* London: Studio Vista, 1977.

Barry, Richard, *Snapshots on the Midway.* Buffalo: R.A.Reid, 1901.

Circus Historical Society, »*Billboard* Excerpts 1901–1903.« Last modified December 2011. http://www.circushistory.org/History/Billboard1901.htm.

Brandon, Craig, *The Electric Chair: An Unnatural American History.* London: McFarland, 1988.

Chambers, Paul, *Jumbo,* Hanover, NH: Steerforth Press, 2008.

Conklin, George u. a., *The Ways of the Circus: Being the Memories and Adventures of George Conklin, Lion Tamer.* New York: Harper, 1921.

»Coroners' Inquests: Death of the Elephant Hannibal.« *New York Times,* June 2, 1865.

Daly, Michael, *Topsy.* New York: Atlantic Monthly Press, 2013.

Davis, Edwin F., Electrocution Chair. US Patent 587,649, filed January 6, 1897 and issued August 3, 1897.

Doing the Pan, »This Day in 1901 Archives.« http://panam1901.org/site map.htm.

Dunlap, Orrin E., »Inauguration of the Niagara-Buffalo Power Transmission.« *Electrical Engineer* 22 (November 25, 1896): 540–542.

»Electricity for Executing Criminals.« *Scientific American* 52 (February 14, 1885): 101.

Essig, Mark, *Edison and the Electric Chair: A Story of Light and Death.* London: Walker Books, 2005.

Friedel, Robert and Paul Israel, *Edison's Electric Light: The Art of Invention.* Baltimore: Johns Hopkins University Press, 2010.

»A Furious Elephant.« *Sacramento Daily Union,* March 26, 1896.

Goldman, Mark, *High Hopes: The Rise and Decline of Buffalo, NY.* Albany: SUNY Press, 1983.

Goodwin, G. G., »The First Living Elephant in America.« *Journal of Mammology* 6, no. 4 (November 1925): 256–263.

»Gypsy‹ to Fight Spain.« *Chicago Tribune*, January 1, 1897.

»How Much Current to Kill an Elephant?« *Scientific American* 60 (January 10, 1889): 18.

Jonnes, Jill, *Empires of Light: Edison, Tesla, Westinghouse and the Race to Electrify the World*. New York: Random House, 2004.

»Jumbo II, Enormous Elephant at Bostock's.« *American Journal of Education* (August 29, 1901): 147.

»Killing Cattle by Electricity.« *Scientific American* 48 (March 24, 1883): 184.

»A Man Killed by the Elephant Hannibal.« *Sacramento Union*, October 28, 1862.

Marvin, Carolyn, *When Old Technologies Were New: Thinking about Electric Communication in the Late Nineteenth Century*. Oxford: Oxford University Press, 1988.

McNichol, Tom, *AC/DC: The Savage Tale of the First Standards War*. Hoboken, NJ: Wiley and Sons, 2006.

Moran, Richard, *The Executioner's Current*. New York: Knopf, 2002.

»National Archives to Display King of Siam Letter to US President.« National Archives press release, September 23, 1999.

Ogden, Tom, *Two Hundred Years of the American Circus*. New York: Facts on File, 1993.

»Pan-American Exposition of 1901.« SUNY Buffalo. http://library.buffalo.edu/pan-am.

Rauchway, Eric, *Murdering McKinley: The Making of Theodore Roosevelt's America*. New York: Hill and Wang, 2003.

Ray City History, »Bloody History of Gypsy the Elephant.« March 7, 2012. https://raycityhistory.wordpress.com/2012/03/07/bloody-history-of-gypsy-the-elephant/.

Rydell, Robert W., *All the World's a Fair: Visions of Empire at American*

International Expositions, 1876–1916. Chicago: University of Chicago Press, 1984.

Tobias, Richard, *Behemoth: The History of the Elephant in America*. New York: Harper Perennial, 2013.

»Twin Elephants Born.« *New York Times*, June 25, 1903.

»Two Thousand Two Hundred Volts Fail to Kill Jumbo at Buffalo Exposition.« *San Francisco Call*, November 10, 1901.

»Ugly Elephant Kills a Keeper.« *Chicago Tribune*, April 26, 1901.

Wittman, Matthew, »Mandarin and the Strangling of Circus Elephants.« February 17, 2014. http://www.matthewwittmann.com/stranglingcircus-elephants/.

Wood, Amy Louise, »Killing the Elephant: Murderous Beasts and the Thrill of Retribution.« *Journal of the Gilded Age and Progressive Era* 11, no. 3 (July 2012): 405–444.

VIER PFERDE

»2012 Rolex Kentucky CCI****-Helmet Cam Analysis.« Youtube video, 19:20. Posted May 2, 2012. https://www.youtube.com/watch?v=7_ETEVzzcbc.

»Berlin's Wonderful Horse.« *New York Times*, September 4, 1904.

»Clever Hans Again: Expert Commission Decides that the Horse Actually Reasons.« *The London Standard*, September 13, 1904.

Gothamist, »Carriage Horse Being Restrained After Crash.« Vimeo video, 00:23. Posted August 16, 2012. https://vimeo.com/47686143.

Mister Ed: the Complete Series. Directed by Arthur Lubin. 1961–1966. Shout Factory, 2014. DVD.

Newman, Andy, »Three Are Injured When Horse Sheds Coach in Manhattan.« *New York Times*, August 16, 2012.

Payne, Doug, »From Scratch to 4* Eventer in 18 mins.« Youtube video, 18:50. Posted July 2, 2012. https://www.youtube.com/watch?v=njj39Wpl28I.

Pfungst, Oskar, *Das Pferd des Herrn von Osten (Der Kluge Hans). Ein Beitrag zur experimentellen Tier- und Menschen-Psychologie.* Leipzig: Johann Ambrosius Barth Verlag, 1907.

Pilliner, Sarah, and Samantha Elmhurst, *The Horse in Motion.* Hoboken, NJ: Wiley-Blackwell, 2002.

Reeve, Christopher, *Immer noch ich – Mein zweites Leben.* München: Droemer Knaur, 1999.

Strahan, Tracie, »Spooked Horse ›Oreo‹ Recovering After Columbus Circle Accident.« NBC 4 New York, August 17, 2012. http://www.nbcnewyork.com/news/local/Oreo-Spooked-Carriage-Horse-Recovering-Columbus-Circle-Accident-166593036.html.

A Wild Equus, »Clever Hans the Wonder Horse.« May 27, 2012. https://wildequus.org/2012/05/27/hans-the-wonder-horse/.

Williams, Wendy, *The Horse.* New York: Scientific American/Farrar, Straus and Giroux, 2015.

Yee, Vivian, »Draft Horse that Bolted May End Up on Easy Street.« *New York Times*, August 17, 2012.

Young, Alan, *Mister Ed and Me.* New York: St. Martin's, 1994.

MIKE

»All in the Neck.« *Time*, October 29, 1945.

»Beheaded Chicken Calmly Lives On.« *Salt Lake Tribune*, September 19, 1945.

»The Chicken that Lived Eighteen Months Without a Head.« *BBC News Magazine*, September 10, 2015. http://www.bbc.com/news/magazine-34198390.

Crew, Bec, »Meet Miracle Mike, the Chicken Who Lived for 18 Months Without His Head.« *Scientific American* (blog), September 26, 2014. http://blogs.scientificamerican.com/running-ponies/meet-miracle-mike-the-chicken-who-lived-for-18-months-without-his-head/.

»Headless Rooster.« *Life*, October 22, 1945.

Katzman, Rebecca, »Here's Why a Chicken Can Live Without Its Head.«
Modern Farmer, August 11, 2014. http://modernfarmer.com/2014/08/
heres-chicken-can-live-without-head/.

Lloyd, John, und John Mitchinson. *Scheinbildung: Was an unserem Wissen alles falsch ist.* 2. Aufl. München: Piper, 2009.

The Natural History of the Chicken. Directed by Mark Lewis. PBS Video, 2001. DVD.

ARABELLA

Beccaloni, Jan, and Trudy Brannan, *Arachnids.* Oakland, CA: University of California Press, 2009.

Burgess, Colin, and Chris Dubbs, *Animals in Space from Research Rockets to the Space Shuttle.* New York: Springer, 2007.

Edson, Lee, »Skylab: No News Is Very Good News.« *New York Times*, September 9, 1973.

Hitt, David, Owen Garriott, and Joe Kerwin, *Homesteading Space: The Skylab Story.* Lincoln, NE: Bison Books, 2011.

NASA, »40th Anniversary of Skylab.« Youtube video, 55:08. May 13, 2013. https://www.youtube.com/watch?v=39BjPoKaSH4.

»One Spider, Several Minnows Home from Skylab.« *Washington Post*, September 25, 1973.

Portree, David, and Robert C. Trevino, *Walking to Olympus: an EVA Chronology.* Washington, D.C.: NASA History Office, 1987.

»Space Spiders Eat Well.« *Bangor News*, August 10, 1973.

Smithsonian, »Spider, ›Arabella,‹ Skylab 3.« https://airandspace.si.edu/
collections/artifact.cfm?object=nasm_A19740484001

Smithsonian, »Spider Cage, Experiment ED52, Skylab 3.« https://air
andspace.si.edu/collections/artifact.cfm?object=nasm_A19740484
001.

»Space Spider Dies, Astros Remain Fit.« *Lodi News-Sentinel*, September 17, 1973.

Summerlin, Lee B., ed., *Skylab, Classroom in Space*. Langley, VA: NASA Science and Technical Information Office, 1977.

Summerlin, Lee B., *Skylab, Our First Space Station*. Langley, VA: NASA Science and Technical Information Office, 1977.

»Tests by Skylab Spiders Hint Man's Adaptability.« *New York Times*, September 30, 1973.

Ein großer Schritt für die Menschheit: Die Missionen der NASA. Discovery Channel Video, 2008. DVD.

Wilford, John Noble, »Two Skylab Astronauts Set Records for Space ›Walks‹.« *New York Times*, August 10, 1973.

Wilford, John Noble, »Astronauts Settle Down to Routine Jobs.« *New York Times*, August 8, 1973.

Witt, Peter, Mabel B. Scarborough and Rubenia Daniels, »Spider Web-Building in Outer Space: Evaluation of Records from the Skylab Experiment.« *Journal of Arachnology* 4 (1977): 115–124.

Zschokke, Samuel, »Early Stages of Orb Web Construction in *Araneus diadematus*.« *Revue Suisse de Zoologie* (August 1996): 709–720.

Zschokke, Samuel, and Kensuke Nakata, »Vertical Asymmetries in Orb Webs.« *Biological Journal of the Linnean Society* 144, no. 3 (March 2015): 659–672.

LANCELOT

Berger, John, »Warum sehen wir Tiere an?«, *Das Leben der Tiere oder die Kunst des Sehens*. Berlin: SALTO, Wagenbach, 2015.

»›Humphrey the Whale‹ News Reports.« Filmed October 1985. YouTube video. Posted January 2009. https://www.youtube.com/watch?v=UPfgIVAzoBo.

Paddock, Richard, »Hundreds Cheer Whale: Wrong Way Humphrey Finally Returns to Ocean.« *Los Angeles Times*, November 8, 1985.

Pike, Rayner, »Unicorn Verdict: It's a Goat.« Associated Press, April 11, 1985.

Rubenstein, Steve, »Humphrey Caught the Imagination of Thousands.«
  San Francisco Gate, May 17, 2007.

Schanberg, Sydney H., »New York: The Land of Hustle and Con.« *New
  York Times*, April 13, 1985.

Vettel, Phil., »Telling the Living Truth About the Unicorn.« *Chicago Tribune*, October 18, 1985.

Zell, Timothy G., Surgical procedure. US Patent 4, 429,685, filed July 14,
  1982 and issued February 7, 1984.

KOKO

Associated Press, »Efforts to Teach Chimps Draws Mixture of Results.«
  Tuscaloosa News, November 2, 1980.

Morin, Roc, »A Conversation with Koko the Gorilla.« *Atlantic Monthly*,
  July/August 2015.

Nature Presents: A Conversation with Koko. DVD, 1999; Chicago: Que-
  star Video, 2004.

Patterson, Francine u. a., *The Education of Koko*. New York, 1981.

Patterson, Francine, and Ronald H. Cohn, »Language Acquisition by a
  Lowland Gorilla.« *Word* 41, no. 2 (1990).

»Transcript of the Chat with Koko, 4/27/98.« *University of New Hampshire*. http://pubpages.unh.edu/~jel/kokotranscript.html.

Wise, Steven M., *Drawing the Line: Science and the Case for Animal
  Rights*. Cambridge, MA: Perseus Books, 2002.

OSAMA

Associated Press, »Jaguar Had Violent Brother.« *Denver Post*, February
  26, 2007.

Blomfield, Adrian, »Osama, Terror of Lake Victoria, is Caught at Last.«
  London Telegraph, March 13, 2005. Accessed June 16, 2016. http://
  www.telegraph.co.uk/news/worldnews/africaandindianocean/ugan
  da/1485547/Osama-terror-of-Lake-Victoria-is-caught-at-last.html.

Caputo, Philip, *Unter Menschenfressern: Auf den Spuren der mystischen Löwen von Tsavo*. München: National Geographic/Frederking & Thaler Verlag, 2004.

Conroy, Scott, »Elephant Named After Bin Laden Shot Dead.« *CBS News Online*, December 17, 2006. http://www.cbsnews.com/news/elephant-named-after-bin-laden-shot-dead/.

Graham, Alistair, and Peter Beard, *Eyelids of Morning: The Mingled Destinies of Crocodiles and Men*. New York: A&W Visual Library, 1973.

Kruuk, Hans, *Hunter and Hunted: Relationships Between Carnivores and People*. Cambridge: Cambridge University Press, 2002.

Mitchell, Kirk, »Zoo Mourns Mauled Keeper.« *Denver Post*, February 24, 2007.

»Osama's Rampage Ends in Capture.« *Washington Times*, March 12, 2005.

Orizio, Riccardo, »Idi Amin's Exile Dream.« *New York Times*, August 21, 2003.

Patterson, John Henry, *Die Menschenfresser von Tsavo*. Hrsg. Von Maria Weber. Books on Demand, 2017.

Quammen, David, *Monster of God*. New York: Norton, 2003.

Tucker, Abigal, »The Most Ferocious Man-Eating Lions.« *Smithsonian Online*, December 16, 2009. http://www.smithsonianmag.com/science-nature/the-most-ferocious-man-eating-lions-2577288/.

Winch, Gordon, *Conquering Comprehension Book 6*. Glebe, Australia: New Frontier Publishing, 2011. Ebook edition.

Wylie, Dan, *Crocodile*. London: Reaktion Books, 2013.

CELIA

Archer, Michael, »Wie wir den Magenbrüterfrosch und den Beutelwolf wieder auferstehen lassen wollen.« Paper Presented at *TedxDeextinction*, Washington, D.C., March 15, 2013. https://www.ted.com/talks/

michael_archer_how_we_ll_resurrect_the_gastric_brooding_frog_
the_tasmanian_tiger?language=de#t-432927.

Bakalar, Nicholas, »Last Mammoths Spent Final Years on Solitary Island.« *New York Times*, May 4, 2015.

Brand, Stewart, »Rethinking Extinction.« *Aeon*, April 21, 2015. https://
aeon.co/essays/we-are-not-edging-up-to-a-mass-extinction.

Barrow, Mark V., *Nature's Ghosts: Confronting Extinction from the Age of
Jefferson to the Age of Ecology*. Chicago: University of Chicago Press,
2009.

Church, George, »Hybridizing Earth with Extinct Species.« Paper Presented at *TedxDeextinction*, Washington, D. C., March 15, 2013.
Revivie and Restore. http://reviverestore.org/events/tedxdeextinction/.

Church, George, and Ed Regis, *Regenesis: How Synthetic Biology Will
Reinvent Nature* and *Ourselves*. New York: Basic Books, 2014.

Ehrenfeld, David, »Extinction Reversal? Don't Count On It.« Paper
Presented at *TedxDeextinction*, Washington, D. C., March 15, 2013.
Revivie and Restore. http://reviverestore.org/events/tedxdeextinc
tion/.

Ellis, Richard, *No Turning Back: The Life and Death of Animal Species*.
New York: Harper Perennial, 2004.

Fernández-Árias, Alberto, »The First De-extinction.« Paper Presented
at *TedxDe-extinction*, Washington, D. C., March 15, 2013. *Revivie and
Restore*. http://reviverestore.org/events/tedxdeextinction/.

Folch, J., Cocero, M.J., Chesné, P., Alabart, J.L., Domínguez, V., Cognié,
Y., Roche, A., et al., »First Birth of an Animal from an Extinct Sub-
species (*Capra pyrenaica pyrenaica*) by Cloning.« *Theriogenology* 71:
2009, 1026–1034.

Galasso, Samantha, »When the Last Great Auks Died, It Was by the
Crush of a Fisherman's Boot.« *Smithsonian*, July 7, 2014. http://www.
smithsonianmag.com/smithsonian-institution/with-crush-fisherman-
boot-the-last-great-auks-died=180951982/.

Kolbert, Elizabeth, *Das sechste Sterben: Wie der Mensch Naturgeschichte schreibt*. Berlin: Suhrkamp, 2015.

Lewis, Danny, »The Last Wooly Mammoths Died Isolated and Alone.« *Smithsonian*, May 8, 2015. http://www.smithsonianmag.com/smart-news/last-wooly-mammoths-died-isolated-and-alone.

Maas, Peter, »Aurochs: *Bos primigenius*.« *The Sixth Extinction*. August 12, 2014. http://www.petermaas.nl/extinct/speciesinfo/aurochs.htm.

Novak, Ben, »How to Bring Passenger Pigeons All the Way Back.« Paper Presented at *TedxDeextinction*, Washington, March 15, 2013. *Revive and Restore*. http://reviverestore.org/events/tedxdeextinction/.

O'Connor, M.R., *Resurrection Science: Conservation, De-extinction and the Precarious Future of Wild Things*. New York: St. Martin's, 2014.

Shapiro, Beth, »Ancient DNA: What it is and What it Could Be.« Paper Presented at *TedxDeextinction*, Washington, March 15, 2013. *Revive and Restore*. http://reviverestore.org/events/tedxdeextinction/.

Shapiro, Beth, *How to Clone a Mammoth: the Science of de-Extinction*. Princeton, NJ: Princeton University Press, 2015.

Rich, Nathaniel, »The Mammoth Cometh.« *New York Times*, February 27, 2014.

Rincon, Paul, »Fresh Effort to Clone Animal.« *BBC News*, November 22, 2013.

Webster, Robert M. and Bruce Erickson, »The Last Word?« *Nature*, April 4, 1996.

»World's Last Polynesian Tree Snail Dies.« *Los Angeles Times*, February 1, 1996.

Zimmer, Carl, »Bringing Them Back to Life.« *National Geographic*, April 2013.

Zimov, Sergey, »Segey Zimov's Manifesto.« *Revive and Restore*, November 25, 2014. http://reviverestore.org/projects/woolly-mammoth/sergey-zimovs-manifesto/.

Zitner, Aaron, »Cloned Goat Would Revive Extinct Line.« *Los Angeles Times*, December 24, 2000.

CECIL

»Full Transcript: Walter Palmer Speaks about Cecil the Lion Controversy.« *Minneapolis Star Tribune*, Sept. 7, 2015.

DANKSAGUNG

Wieder einmal habe ich Sarah Gorham und ihren Mitarbeitern so viel zu verdanken, und ich bin über die Maßen stolz, dass ich mit den Wölfen von Sarabande heulen darf.

Ich danke der Whiting Foundation, den Oregon Literary Fellowships und dem Geisteswissenschaftlichen Zentrum an der Oregon State University (OSU) für die großzügige Unterstützung meiner Arbeit. Vielen Dank, dass Sie dieses Projekt ermöglicht haben.

Dank auch den Zeitschriften, in denen frühere Fassungen einiger dieser Essays erschienen sind: Passages North (»Harriet«), Oxford American (»Arabella«) und Virginia Quarterly Review (»Vogel Stahrl«).

Danke der Schule für Schreiben, Literatur und Film an der Oregon State University, insbesondere meinen Kolleginnen und Kollegen an der Fakultät für Kreatives Schreiben. Ein besonders Dankesgeheul geht an mein Totemtier, die wilde Prof. Marjorie Sandor.

Für dieses Projekt habe ich jede Menge dämlicher Fragen gestellt, die meine Freunde und Kollegen geduldig über sich ergehen ließen: Tara Williams, Rebecca Olson, Evan Gottlieb, Clement Hawes, Joy Futrell, John D'Agata, Tracy Daugherty, Monica McFawn, Justin St. Germain und viele andere, denen ich hoffentlich später noch persönlich danken werde. Ein besonderer Dank geht an Randa Jarrar für die Übersetzung der Videos, die ich im Teil über den Vogel von Bab Amr in »Kriegstauben« verwendet habe, und an Mark Burford, der mir bei den musiktheoretischen Passagen in »Vogel Stahrl« geholfen hat.

Herzlichen Dank meinen Studenten in den MFA-Programmen an der OSU und der Murray State University, die mich immer wieder neu zum Nachdenken anregen.

Dank an Jon Lewis und Irene Taylor Brodsky, die meinen Laptop und all meine Notizbücher gerettet haben, als ich sie hundert Kilometer von zu Hause entfernt auf einer eisigen Veranda bei den Eisenbahnschienen vergessen hatte. Ups!

Dank an meine Familie: die Passarellos, die Turkels und Karen Horton. Und Dank an Caroline Casey, Patrick Jordan, Riley Hanick, Matthew Gavin Frank, David Conrad und Alexi Morrissey, die für mich mit jedem Jahr mehr zu einer Familie werden.

Ein Hoch auf die drei großartigsten Geschöpfe der Geschichte: Charlene, Columbo und Sharky.

Und jeden einzelnen Tag bin ich verdammt dankbar für David Turkel, dem es (anscheinend) nichts ausmacht, einen beträchtlichen Teil seines Daseins mit Gesprächen über Tiere zu verbringen, der mein Herz und Hirn beschützt, als sei er eine Art durchgeknallter Vielfraß – Typ *Wolverine*.

Erzählt ein Gorilla einen Witz … Geht nicht? Geht doch! Die Gorilla-dame Koko schaffte es in die Medien, weil sie per Gebärdensprache mit Menschen kommunizieren und sie bewusst zum Lachen bringen konnte. Die Kreuzspinne Arabella wurde berühmt, als ganz Amerika ihr 1973 von der Erde aus zusah, wie sie lernte, in der Schwerelosigkeit des Alls ein Netz zu spinnen. Und Wolfgang Amadeus Mozart inszenierte eine auf-wendige Beerdigung für seinen Vogel »Stahrl«, dem er womöglich einige seiner genialsten musikalischen Ideen verdankte. Wenn Tiere zu Ruhm und Ehre gelangen, wenn sie Geschichte schreiben, dann, weil sie uns Menschen besonders nahe kommen. Mit ihren originellen, berührenden und klugen Essays erneuert Elena Passarello spielerisch und höchst unter-haltsam die uralte Form des Bestiariums. Diese Hall of Fame der Tierwelt erinnert uns daran, woher wir kommen und mit wem wir diesen Planeten teilen.

ELENA PASSARELLO hat als Schauspielerin gearbeitet und unterrichtet inzwischen an der Oregon State University. Ihre Essaysammlung *Let Me Clear My Throat* wurde 2015 mit dem Whiting Award for Nonfiction ausgezeichnet. Sie schreibt u. a. für *Slate, Oxford American* und *Paris Review*. Sie lebt in Corvallis, Oregon.

BEATRICE FASSBENDER, geboren 1972, lebt als Lektorin, Redakteurin und Übersetzerin in Berlin. Sie übersetzte Gedichte von Jeffrey Yang und Altaf Tyrewala sowie Prosa u. a. von Eliot Weinberger. 2014 erschien die von ihr herausgegebene Anthologie *New York. Eine literarische Einladung*.